高等学校"新工科"建设实验实训教材

互换性与测量技术学习指导（慕课配套版）

◎ 主 编 刘桂玲 吴 勃

U0179462

江苏大学出版社
JIANGSU UNIVERSITY PRESS

镇 江

图书在版编目(CIP)数据

互换性与测量技术学习指导：慕课配套版／刘桂玲，吴勃主编. — 镇江：江苏大学出版社，2022.8(2023.8重印)
ISBN 978-7-5684-1819-5

Ⅰ.①互… Ⅱ.①刘… ②吴… Ⅲ.①零部件—互换性—高等学校—教学参考资料②零部件—测量技术—高等学校—教学参考资料 Ⅳ.①TG801

中国版本图书馆 CIP 数据核字(2022)第 140884 号

互换性与测量技术学习指导：慕课配套版

主　　编／刘桂玲　吴　勃
责任编辑／汪再非
出版发行／江苏大学出版社
地　　址／江苏省镇江市京口区学府路 301 号(邮编：212013)
电　　话／0511-84446464(传真)
网　　址／http://press.ujs.edu.cn
排　　版／镇江文苑制版印刷有限责任公司
印　　刷／镇江文苑制版印刷有限责任公司
开　　本／787 mm×1 092 mm　1/16
印　　张／9.5
字　　数／300 千字
版　　次／2022 年 8 月第 1 版
印　　次／2023 年 8 月第 2 次印刷
书　　号／ISBN 978-7-5684-1819-5
定　　价／39.00 元

如有印装质量问题请与本社营销部联系(电话:0511-84440882)

前 言
PREFACE

　　互换性与测量技术是高等学校工科机械类专业的一门重要专业基础课。在网络信息技术已然普及的环境里，"互联网+教育"打破了现代教学实践层面的时间和空间限制，使线上和线下混合式的教学组织模式成为一种被众多高校认可的教学模式的创新。为满足线上和线下教学的有效需求，切实改善教学效果，江苏大学机械工程学院公差课程教学组精心组织并完成了"公差与检测技术"在线开放课程的建设，该课程同时在"中国大学 MOOC"和"智慧树"在线教育平台运行，并得到了较好的教学评价。

　　为帮助该课程的选课学生巩固课程知识，提高工程思维能力，提高知识应用能力，提升实际分析问题和解决问题的能力，同时帮助选课学生更好地开展在线课程的自主学习，进一步提升学习效率，课程教学组总结自身多年线上线下的教学经验，以机械工业出版社出版的《互换性与测量技术》（王宏宇主编）教材为内容基础，结合已上线的在线开放课程数字资源，有针对性地编写了这本慕课配套版的课程学习指导教程。

　　本学习指导共分三部分。第一部分为互换性与测量技术课程学习指导，包括课程概述、孔/轴公差与配合、几何公差与误差检测、表面粗糙度轮廓及其检测、圆柱齿轮公差与检测、典型零部件的公差及检测 6 个教材章节的学习指导，每个章节学习指导都包含慕课重点知识点睛、慕课学习难点剖析、慕课典型习题解析、思考练习题及解析 4 个栏目化内容，还增加了"知识延拓"的内容以扩展学习视野。第二部分为机械精度设计项目实践，包括机械精度设计项目实践概述及相应的设计项目任务示范、机械精度设计实践题目，为便于学习，还提供了经过整理编写的机械精度设计常用设计参考资料。第三部分为课程学习的测试题，题型包括是非题、选择题、填空题、计算题、图纸改正与标注题、简答题、综合题，并在线提供了参考答案，以帮助学生自我检验学习效果。

　　本书在编写时尽可能采用最新的国家标准，并力求表述上易读易懂，突出以下主要特点：

（1）学习指导内容与线上慕课内容配套互动，同时根据教学反馈提炼了慕课中的重难点问题进行剖析，引导学生思考，扫除自主学习过程中的障碍。学生扫描书中二维码就可以直接进入"智慧树"开放教学平台，充分发挥慕课资源的辅助学习作用，随时随地得到学习指导以更好地理解、掌握重难点知识，这是本书的一个亮点。

（2）将线上慕课课程碎片化内容，由点到线、由线到面组成知识体系，形成清晰的知识脉络，使学生轻松掌握知识点之间的内在逻辑关系，形成系统化的课程知识体系，更好地实现掌握知识与能力提升的目标。

（3）增加了机械精度设计项目实践内容，以示例形式解读机械精度设计的一般过程，还选编了部分典型的机械精度设计实践题目，以实训促进学生从对课程知识层面的理解和习题计算向机械精度设计应用能力的跃升。

（4）本学习指导对学生知识与能力的积累提出明确目标，对书中的慕课习题、慕课自测题、思考练习题、模拟试卷均给出了思路指导和详细的过程解析，对学生线上线下课程学习起到有效指导作用，有助于学生更好地达成学习目标。

本书由刘桂玲、吴勃担任主编，其中第一部分的第1、2、3节内容由刘桂玲编写，第一部分的第4、5、6节内容由葛涛编写，第二部分由吴勃编写，第三部分由金卫凤编写。江苏大学公差课程组毛卫平、王志、刘晨曦、郭玉琴、任国栋等参与了本书的文字校对和资料收集工作，全书由王宏宇主审。本书在编写过程中得到了江苏理工学院范真教授等的帮助。在此向各位老师及文中参考文献的作者一并表示感谢。

由于编者水平有限，书中难免存在不妥之处，恳请广大读者批评指正。

2022 年 8 月

目 录
CONTENTS

第一部分　互换性与测量技术课程学习指导

1 课程概述学习指导 ································ （2）

   A. 慕课重点知识点睛 ···················· （3）

   B. 慕课学习难点剖析 ···················· （5）

   C. 慕课典型习题解析 ···················· （6）

   D. 思考练习题及解析 ···················· （9）

   知识延拓——神奇的优先数 ·············· （11）

2 孔、轴公差与配合学习指导 ············ （13）

   A. 慕课重点知识点睛 ···················· （14）

   B. 慕课学习难点剖析 ···················· （15）

   C. 慕课典型习题解析 ···················· （16）

   D. 思考练习题及解析 ···················· （22）

   知识延拓——公差与配合标准发展史 ···· （24）

3 几何公差与误差检测学习指导 ········ （25）

   A. 慕课重点知识点睛 ···················· （26）

   B. 慕课学习难点剖析 ···················· （27）

   C. 慕课典型习题解析 ···················· （28）

   D. 思考练习题及解析 ···················· （38）

   知识延拓——几何误差的概念 ············ （40）

4　表面粗糙度轮廓及其检测学习指导 …………………………………… (42)

　　A. 慕课重点知识点睛 …………………………………………………… (43)

　　B. 慕课学习难点剖析 …………………………………………………… (44)

　　C. 慕课典型习题解析 …………………………………………………… (45)

　　D. 思考练习题及解析 …………………………………………………… (49)

　　知识延拓——扫描探针显微镜 ………………………………………… (51)

5　圆柱齿轮公差与检测学习指导 ………………………………………… (53)

　　A. 慕课重点知识点睛 …………………………………………………… (54)

　　B. 慕课学习难点剖析 …………………………………………………… (55)

　　C. 慕课典型习题解析 …………………………………………………… (56)

　　D. 思考练习题及解析 …………………………………………………… (60)

　　知识延拓——滚齿加工 ………………………………………………… (61)

6　典型零部件的公差及检测学习指导 …………………………………… (63)

　　A. 慕课重点知识点睛 …………………………………………………… (64)

　　B. 慕课学习难点剖析 …………………………………………………… (65)

　　C. 慕课典型习题解析 …………………………………………………… (66)

　　D. 思考练习题及解析 …………………………………………………… (72)

　　知识延拓——轴承检测 ………………………………………………… (73)

第二部分　机械精度设计项目实践

1　机械精度设计项目实践概述 …………………………………………… (76)

　　A. 机械精度设计项目设计任务书 ……………………………………… (77)

　　B. 项目设计任务图纸 …………………………………………………… (78)

　　C. 机械精度设计项目实践步骤 ………………………………………… (81)

2　机械精度设计项目任务示范 …………………………………………… (82)

　　A. 减速器输出轴机械精度设计 ………………………………………… (82)

　　B. 减速器大齿轮精度设计 ……………………………………………… (86)

　　C. 减速器机座精度设计 ………………………………………………… (92)

3　机械精度设计常用设计参考资料 ……………………………………… (98)

4　机械精度设计实践题目 ………………………………………………… (112)

　　A. 题目一 ………………………………………………………………… (112)

　　B. 题目二 ···（116）

　　C. 题目三 ···（119）

　　D. 题目四 ···（121）

　　E. 题目五 ···（122）

　　F. 题目六 ···（123）

第三部分　互换性与测量技术课程测试

1　课程模拟试卷一 ···（126）

2　课程模拟试卷二 ···（130）

3　课程模拟试卷三 ···（134）

4　课程模拟试卷四 ···（138）

参考文献 ···（142）

第一部分

互换性与测量技术课程学习指导

1 课程概述学习指导

2 孔、轴公差与配合学习指导

3 几何公差与误差检测学习指导

4 表面粗糙度轮廓及其检测学习指导

5 圆柱齿轮公差与检测学习指导

6 典型零部件的公差及检测学习指导

说明:

1. 本书中所提到的教材均指机械工业出版社出版的王宏宇主编的《互换性与测量技术》。

2. 使用本书慕课资源时,请先下载"知到"App并注册,通过"知到"平台扫描本书中的二维码即可直接链接相应的慕课资源。

1 课程概述学习指导

知识目标

① 掌握互换性、公差、标准、优先数系的概念。

② 了解互换性生产的特点、意义。

③ 理解互换性的分类：完全互换性；不完全互换性（有限互换性）。

④ 理解互换性、公差、标准化、检测之间的关系。

⑤ 理解优先数系的特点和选用原则。

能力目标

① 会操作使用常用检测仪器。

② 能正确处理实验数据。

扫码链接　慕课知识

教材第1章知识脉络

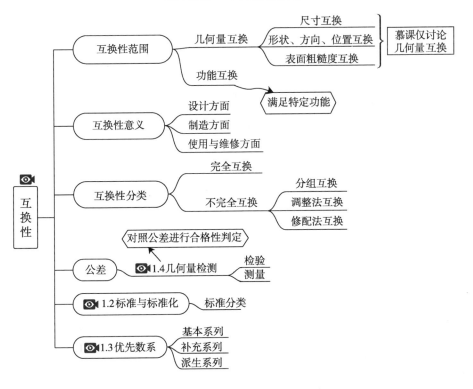

A. 慕课重点知识点睛

1. 互换性　互换性是指同一规格的一批零部件按规定的技术要求制造，具有彼此相互替换而使用效果相同的特性。

① 零部件具有互换性的三个要求：同一规格、一批、使用效果相同。

② 零部件互换性体现在三个阶段的特征：装配前，无须挑选；装配时，无须修配；装配后，满足预定使用要求。

③ 从互换程度分，互换性分为完全互换性和不完全互换性，不完全互换性可以用分组装配法、调整法、修配法等方法来实现。

④ 完全互换适用于不同工厂的厂际协作，不完全互换适用于同一工厂内部制造与装配。

⑤ 互换性是现代化工业生产普遍遵守的原则。

2. 公差　公差是零件几何量的允许变动量。

① 公差、误差、精度三者之间的关系见图 1-1-1。

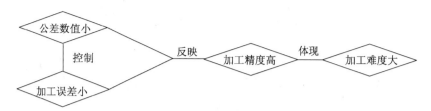

图 1-1-1 公差、误差、精度之间的关系

② 合理确定公差是实现互换性生产必不可少的条件。

3. 标准与标准化

标准是对重复性事物和概念所做的统一规定。它以科学、技术和实践经验的综合成果为基础，经有关方面协商一致，由主管机构批准，以特定形式发布。标准是共同遵守的准则和依据。

标准化是指标准的制定、发布和贯彻实施的全部活动过程，包括从调查标准化对象开始，经过试验、分析和综合归纳，进而制定标准和贯彻标准，还要不断地修订标准等。

① 标准化以标准的形式体现，是一个不断循环、不断提高的过程。

② 标准化是实现互换性生产的重要途径和手段。

4. 优先数系
优先数系是对各种技术参数的数值进行协调、简化、统一的一种科学数值制度。

① GB/T 321—2005《优先数和优先数系》规定以十进等比数列作为优先数系，并规定了五个系列，分别用系列符号 R5，R10，R20，R40 和 R80 表示。其中，前四个系列为常用的基本系列，R80 则作为补充系列。

② 优先数系的公比计算式为 $q_r = \sqrt[r]{10}$。

③ 为使优先数系具有更强的适应性，国家标准在优先数系五个系列的基础上，进一步规定了派生系列 Rr/p，其公比为 $q_{r/p} = q_r^p = (\sqrt[r]{10})^p = 10^{p/r}$。

④ 在优先数系中，每隔 r 项其数值增大至 10 倍，且 R5，R10，R20，R40 和 R80，前一数系的项值均包含在后一数系中。

⑤ 选用基本系列时，应遵守先疏后密的原则，即应按 R5，R10，R20，R40 的顺序优先选用公比大的基本系列。当基本系列不能满足要求时，可选择派生系列，且应该优先选择延伸项中含有 1 的派生系列。

1. 零件（一批同规格）的几何量互换

几何量指的是零件的尺寸、形状、位置、方向、表面粗糙度等几何要素，一批同规格零件的几何量完全相等，则该批零件一定具有互换性。但在加工过程中，由于多种因素影响，零件几何量不可避免地会存在误差。使一批零件的几何量完全相等是不可能做到的，从满足使用要求的角度看也没有这个必要。只要在加工过程中将零件几何量误差控制在一定范围内，那么零件几何量就近似相等，零件的使用要求和互换性都能得到保证。因此，一批同规格零件的几何量互换是指其几何量相近意义上的互换。几何量相近的程度由公差来控制，公差值可以根据使用要求等确定。

2. 不完全互换——分组互换

当某些部位装配精度要求很高时，若按完全互换法的要求加工零件会造成加工困难，此时应考虑不完全互换，如分组互换。

例如，6135 型发动机气缸孔和活塞（图 1-1-2）的配合要求：气缸孔为 $\phi 135^{+0.02}_{0}$，活塞为 $\phi 135^{-0.12}_{-0.14}$。气缸孔和活塞的尺寸公差都是 0.02 mm，以此保证既能自由运动又不至于间隙过大，属于典型的"大尺寸小公差"。若按完全互换法加工气缸孔和活塞会十分困难，因此，在生产中将公差放大至 3 倍即 0.06 mm，按放大的公差加工气缸孔和活塞。加工完成后通过测量将气缸孔和活塞的尺寸分为 3 组（通常公差放大至几倍，尺寸分组就分为几组），保证每组内气缸孔和活塞的公差均为 0.02 mm，装配时按照同组装配从而实现互换，而不同组的零件不具有互换性。分组后的每组气缸孔和活塞配合的公差带示意图如图 1-1-3 所示。分组互换既满足了高精度的装配要求，又便于零件的加工。

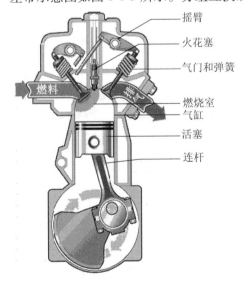

摇臂
火花塞
气门和弹簧
燃料
排气
燃烧室
气缸
活塞
连杆

图 1-1-2 发动机气缸和活塞示意图

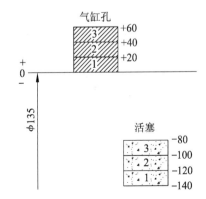

图 1-1-3 分组后气缸孔和活塞配合的公差带示意图

C. 慕课典型习题解析

【例1-1-1】 请说出 R10/3 系列的含义，并试写出 R10/3 中优先数在 1~100 范围内，首项分别为 1.00，1.25，1.60 时的常用值。

解题方略： 根据教材第 1.3 节"优先数系"中的数列类别所述，可知 R10/3 系列的含义，并利用公式 $q_r^p = (\sqrt[r]{10})^p$ 计算出公比，即可写出首项分别为 1.00，1.25，1.60 时的常用值.

解： R10/3 为优先数系中的派生系列，它是从 R10 中每逢 3 项选取一个优先数组成的新的系列，公比为 $q_{10}^3 = (\sqrt[10]{10})^3 \approx 2.0$，其目的是扩大优先数系的适应性。R10/3 在 1~100 范围内：

首项为 1.00 时的派生数系为 1.00，2.00，4.00，8.00，16.0，31.5，63.0；

首项为 1.25 时的派生数系为 1.25，2.50，5.00，10.0，20.0，40.0，80.0；

首项为 1.60 时的派生数系为 1.60，3.15，6.30，12.5，25.0，50.0，100.0。

慕课第一章自测题解析

一、判断题

1. 互换性是几何量完全相同意义上的互换。（×）

解析： 零件几何量（尺寸、形状等）相同则零件具有互换性，但保持完全相同的几何量既没有必要也不可能实现；针对某一具体要求，将几何量控制在一定范围内，零件（不需要完全相同）也具有互换性，这不仅可行也易于实现。

2. 公差数值越大，几何量的精度越低。（×）

解析： 几何量精度的高低与公差等级是一致的，而公差数值的大小不仅取决于零件公差等级，而且与公称尺寸有关。例如，不同公称尺寸段，同为 7 级，虽然其公差数值不相同，但其精度要求是相同的。

3. 几何量公差属于标准化的范畴。（√）

解析： 几何量公差是针对几何量提出的标准，包括公差的制定、发布和贯彻实施的全部活动过程，故属于标准化范畴。

4. 国家标准规定我国以"十进制的等差数列"作为优先数系。（×）

解析： 国家标准规定我国以"十进等比数列"作为优先数系。

5. R10/3 系列，就是从基本系列 R10 中，自 1 以后，每逢 3 项取一个优先数组成的派生系列。（√）

解析： R10/3 属于派生系列，派生系列 Rr/p 是从 Rr 系列中每逢 p 项取一个优先数组成的新系列。

6. 检测是检验与测量的统称。（√）

解析： 完工零件必须通过检测对其几何量合格与否进行判定，检验和测量是检测的两种手段。检验是确定零件的几何参数是否在规定的极限范围内，并做出合格与否的判定，不必知道被测量的具体数值，其结论是"合格"或"不合格"。测量是将被测量与一个作为计量单位的标准量进行比较，以确定被测量的具体数值的过程，其结果是具体的测量值。

7. 接触测量适合测量软质表面或薄壁易变形的工件。（×）

解析： 接触测量存在力效应，测量软质表面或薄壁易变形工件时测量误差较大。

8. 标准化就是标准的制定过程。（×）

解析： 标准化是标准制定、发布、实施等的全过程。

二、单项选择题

1. 公差是几何量允许变动的范围，其数值（A）。
   A. 只能为正　　B. 只能为负　　　C. 允许为零　　　D. 可以为任意值

解析： 公差是几何量允许变动的范围，既然是范围，就不能是零值和负值。

2. 多把钥匙能开同一把锁，是因为这些钥匙（D）。
   A. 只具有功能互换性
   B. 只具有几何量互换性
   C. 具有功能互换性而不具有几何量互换性
   D. 同时具有功能互换性和几何量互换性

解析： 钥匙具有互换性，包括几何量的互换性和功能的互换性两个方面。

3. 保证互换性生产的基础是（B）。
   A. 大量生产　　B. 标准化　　　C. 现代化　　　　D. 检测技术

解析： 因为一种机械产品的制造涉及许多部门和企业，所以必须有一个共同的技术标准才能有良好的协作效果，而标准化是标准制定、发布、实施等的全部活动过程。

4. 下面允许企业标准存在的情况是（D）。
   A. 标准化对象只有国家标准　　B. 标准化对象只有行业标准
   C. 标准化对象只有地方标准　　D. 严于国家标准的企业标准

解析：《中华人民共和国标准化法》规定，已有国家标准和行业标准的，企业可以制定更加严格的企业标准。

5. 优先数系 R5 系列的公比近似为（A）。
   A. 1.60　　　　B. 1.25　　　　C. 1.12　　　　D. 1.06

解析： R5 系列的公比为 10 的 1/5 次方，约等于 1.60。

6. R20 系列中，每隔（C）项，数值增大至 10 倍。

    A. 5   B. 10   C. 20   D. 40

解析：R20 系列的公比为 10 的 1/20 次方，故其数值每隔 20 项增大至 10 倍。

7. 用光滑极限量规检验轴时，检验结果能确定该轴（D）。

    A. 实际尺寸的大小

    B. 形状误差值

    C. 实际尺寸的大小和形状误差值

    D. 合格与否

解析：检验不能得出具体测量值，只能用来判断合格与否。

8. 直尺属于（B）类计量器具。

    A. 量规   B. 量具   C. 量仪   D. 检具

解析：量具是指以固定形式复现量值的计量器具，直尺是其中一种。

三、多项选择题

1. 下面属于零部件不完全互换类型的有（BD）。

    A. 厂际协作时应采用的互换性

    B. 同一厂制造或装配时可采用的互换性

    C. 标准件应采用的互换性

    D. 制造或装配时允许分组或修配实现的互换性

解析：不完全互换需要附加分组、修配、调整等条件，故在厂际协作（不同厂制造）或是使用标准件（专业厂制造）时，不宜采用不完全互换。

2. 下面关于标准的说法正确的是（ABCD）。

    A. 国家标准由国务院标准化行政主管部门制定

    B. 极限与配合标准属于基础标准范畴

    C. 以"GB/T"为代号的标准是推荐性国家标准

    D. ISO 是世界上最大的标准化组织

解析：国家标准由国务院标准化行政主管部门，如国家标准化管理委员会制定；基础标准是具有广泛指导意义的标准，尺寸精度设计所用到的极限与配合标准就属于基础标准；标准代号含"GB"的属于强制执行的国家标准，标准代号含"GB/T"的属于推荐性国家标准。

3. 下面属于优先数系选择原则的是（ACD）。

    A. 应遵守先疏后密的原则

    B. 应按 R40, R20, R10, R5 的顺序选择

    C. 当基本系列不能满足要求时，可选择派生系列

    D. 选择派生系列，应优先选择延伸项中含有 1 的派生系列

解析：优先数系选择应遵守先疏后密的原则，基本系列中 R40 公比最小、最密。

4. 从提高测量精度的目的出发，应选用的测量方法有（AD）。

    A. 直接测量   B. 间接测量   C. 绝对测量   D. 相对测量

解析： 间接测量的精度，不仅取决于几个实测几何量的测量精度，还与所依据的计算和计算精度有关，故间接测量常用于受条件限制无法进行直接测量的场合；直接测量又分绝对测量和相对测量，相对测量是和标准量比较得到偏差值，示值范围小，故测量精度高。

D. 思考练习题及解析

1. 在机械制造中按互换性生产有什么优越性？

思路点拨： 生产的全部活动过程包括设计、制造、使用和维修，应从这几个方面谈互换性生产在机械制造中的优越性。

2. 完全互换与不完全互换有何区别？试举例说明。

思路点拨： 完全互换与不完全互换的区别在于装配或更换零部件时有无附加条件的选择、修配或调整，有则为不完全互换，无则为完全互换。

3. 为什么要制定《优先数和优先数系》国家标准？

思路点拨： 例如，螺栓直径尺寸数值被确定后，这个数值就会按照一定的规律传播到螺母的孔径尺寸上，同时会传播到加工这些螺纹的丝锥和板牙上，甚至会传播到螺孔的尺寸和加工螺孔底孔的钻头尺寸，以及检验用的螺纹塞规和环规尺寸上。数值如果随意确定，就会杂乱无章，各部门之间无法协调、统一和紧密配合。

4. 何时选用优先数系中的派生系列？

思路点拨： 派生系列是在 Rr 系列中每逢 p 项取一个优先数组成的新系列，公比为 $10^{p/r}$。派生系列的公比数值是相应的 Rr 系列的 p 倍，能在与 Rr 系列相同的取值范围内，以更少的规格来对产品进行分档分级。因此，当基本系列不满足分级要求时，可选用派生系列。

5. R10/2 和 R5 是同一个优先数系吗？请对做出的答案进行说明。

思路点拨： R10/2 是从 R10 系列中每逢 2 项取一个优先数组成的新系列，首项取得不同，其项值是多义的，即不同的。

6. 标准和标准化有何作用？

思路点拨： 社会化生产的特点是部门多、分工细、互换性要求高，必须有一种途径和手段，使局部的分散部门成为一个有机整体，以实现互换性生产。

7. 几何量检测的目的和作用是什么？

思路点拨： 工件加工完成后要判断工件是否合格，还要根据检测的结果，分析产生废品的原因，保证产品质量。

8. 检验和测量有何区别？

思路点拨：检验的结论是"合格"或"不合格"；测量的结果是具体的测量值。

◇ 参考答案

问题 1 答：

① 从设计的角度看，零部件具有互换性，在产品设计过程中可最大限度地采用标准件、通用件和标准部件，从而大大减少绘图和计算工作量，缩短设计周期，也有利于开展计算机辅助设计和产品多样化设计。

② 从制造的角度看，互换性有利于组织专业化生产，有利于采用先进工艺和高效率的专用设备以及计算机辅助制造，有利于实现加工过程和装配过程机械化、自动化，从而提高劳动生产率和产品质量，降低生产成本。

③ 从使用和维修的角度看，零部件的互换性有助于及时更换已经磨损或损坏的零部件，从而使其很快恢复正常工作，大大节省维修费用和时间，提高机器的使用价值。

问题 2 答： 完全互换以零部件在装配或更换时不需要挑选和修配为条件。比如，一批滚动轴承内圈和轴的装配，只要轴承内圈和轴按照规定公差制造，加工后的零件尺寸满足公差要求，它们就具有互换性，在装配时不需要挑选或修配零件。不完全互换也称有限互换，即在零部件装配时允许有附加的挑选或修配要求，如内燃机气缸与活塞就采用不完全互换的分组互换法进行装配。

问题 3 答：《优先数和优先数系》国家标准可对各个生产部门和领域中遇到的各种技术参数进行分级，用理想的、统一的数系来协调各部门的生产，既能满足工业生产的需要，又能达到科学、经济的目的，促进国民经济更快更稳发展。

问题 4 答： 派生系列的公比数值是相应的 Rr 系列的 p 倍，能在与 Rr 系列相同的取值范围内，以更少的规格来对产品进行分档分级。派生系列给优先数项值及项值间隔的选取带来了更多的灵活性，因此当基本系列不满足分级要求时，可选用派生系列。

问题 5 答： R10/2 和 R5 不是同一个优先数系，因为派生系列 R10/2 首项选取得不同，则会有不同的项值系列，如：若首项为 1.00，则派生系列 R10/2 为 1.00，1.60，2.50，4.00，6.30，10.00，…；若首项为 1.25，则派生系列 R10/2 为 1.25，2.00，3.15，5.00，8.00，…。

问题 6 答： 标准和标准化是使局部的分散部门成为一个有机整体，以实现互换性生产的重要途径和手段。

问题 7 答： 几何量检测的目的：一是判断工件是否合格；二是根据检测的结果，分析产生废品的原因。其作用是保证零部件的互换性，确保产品的质量。

问题 8 答： 检验确定零件的几何参数是否在规定的极限范围内，并做出合格与否的判定，不必知道被测量的具体数值，其结论是"合格"或"不合格"；测量是将被测量与作为计量单位的标准量进行比较，以确定被测量的具体数值的过程，其结果是具体的测量值。

知识延拓——神奇的优先数

19世纪末，法国工程师 Charles Renard（雷诺）在研究热气球使用的绳索时提出了一种使尺寸规格简化的数值系列，这些数值是等比数列，且每进 5 项数值增大至 10 倍，得到各个系数为 a，$a \cdot q$，$a \cdot q^2$，$a \cdot q^3$，$a \cdot q^4$，$10a$，即 $a \cdot q^5 = 10a$，从而得到公比 $q_5 = \sqrt[5]{10}$，这样就把 425 种绳索尺寸规格简化为 17 种。为了纪念雷诺的贡献，后人把这个数系称为 R 数系。后来 R 数系被推广，若每进 10 项数值增大至 10 倍，则公比为 $q_{10} = \sqrt[10]{10}$，依次得到 R10，R20，R40，R80 数系，并被一些国家采用为标准，后又被国际标准化组织制定为国际标准 ISO 497:1973，称为优先数系，其中的每个数都被称为优先数（preferred numbers）。在确定产品的参数或参数系列时必须按标准的规定最大限度地采用优先数和优先数系，这就是"优先"的含义。我国首先把优先数系作为机械行业的部颁标准，在 1964 年颁布为国家标准，现行的国家标准 GB/T 321—2005《优先数和优先数系》对应的国际标准为 ISO 3:1973。

优先数系是对产品技术参数进行分档分级的一种科学的数值制度。数系中数值间隔相对均匀，对产品分档分级的数量与用户的实际需要间能达到很好的平衡。优先数系的项值可向两端无限延伸，具有广泛的适应性。同时，任意两优先数的积、商和任意项的幂仍为同系列的优先数，方便了设计计算。另外，标准中从优先数 1.00 序号 0 开始（表 1-1-1），对优先数排列次序进行了编号，在实际求优先数时，可不必计算，只需将两个优先数的序号相加减或序号乘以幂指数得到新序号，新序号对应的优先数即为所求优先数。例如，求优先数 1.12 和 1.60 的乘积（1.12×1.60≈1.80），则 1.12 和 1.60 对应的序号相加 2+8＝10，序号 10 所对应的优先数即为所求的优先数 1.80；再如，求优先数 1.12 的平方，1.12 对应的序号为 2，则 2×2＝4，序号 4 所对应的优先数即为所求的优先数 1.25。

表 1-1-1　基本系列的优先数系（部分）

基本系列（常用值）				优先数的序号			计算值
R5	R10	R20	R40	从 0.1 到 1	从 1 到 10	从 10 到 100	
1.00	1.00	1.00	1.00	−40	0	40	1.000 0
			1.06	−39	1	41	1.059 3
		1.12	1.12	−38	2	42	1.122 0
			1.18	−37	3	43	1.188 5
	1.25	1.25	1.25	−36	4	44	1.258 9
			1.32	−35	5	45	1.333 5
		1.40	1.40	−34	6	46	1.412 5
			1.50	−33	7	47	1.496 2

续表

基本系列（常用值）				优先数的序号			计算值
R5	R10	R20	R40	从 0.1 到 1	从 1 到 10	从 10 到 100	
1.60	1.60	1.60	1.60	−32	8	48	1.584 9
			1.70	−31	9	49	1.678 8
		1.80	1.80	−30	10	50	1.778 3
			1.90	−29	11	51	1.883 6
	2.00	2.00	2.00	−28	12	52	1.995 3
			2.12	−27	13	53	2.113 5
		2.24	2.24	−26	14	54	2.238 7
			2.36	−25	15	55	2.371 4

从上述内容可知，雷诺提出了优先数系的概念，解决了热气球绳索尺寸规格过于繁杂的问题，形成了目前对产品技术参数进行分档分级的科学数值制度。可见有价值的科学技术来源于生产实践，科学技术的进步并不是"天外飞仙"，需要一点一点的积累，由量变最后产生质变。这就要求我们对所做的工作要干一行爱一行，在每一行工作中就就业业，要善于在实践中发现问题，不断运用所学知识解决工程实际问题。这些一点一滴的进步积累起来，可能就会产生巨大的飞跃，像雷诺一样，为行业的发展和进步做出自己的贡献。不要因为自己从事的具体技术工作平凡不张扬而忽视它，要有推动人类文明发展"功成不必在我"的精神境界和"功成必定有我"的历史担当。

2 孔、轴公差与配合学习指导

知识目标

① 掌握尺寸的术语和定义、偏差的术语和定义、基本偏差、标准公差和公差带示意图。

② 掌握常用尺寸孔、轴公差与配合国家标准的构成。

③ 掌握公差、偏差、配合公差及配合允许的极限量间的运算关系。

④ 会使用通用规则和特殊规则计算孔的基本偏差数值。

能力目标

① 具有分析机械图纸中尺寸精度的能力和查阅及使用尺寸公差标准表格的能力。

② 具有根据使用要求合理设计、选择机械零件尺寸公差与配合的能力，能较好地处理制造要求和经济性之间的矛盾。

③ 具有根据零件尺寸精度合理选择相关几何量的检测工具和方法的能力。

扫码链接　慕课知识

教材第2章知识脉络

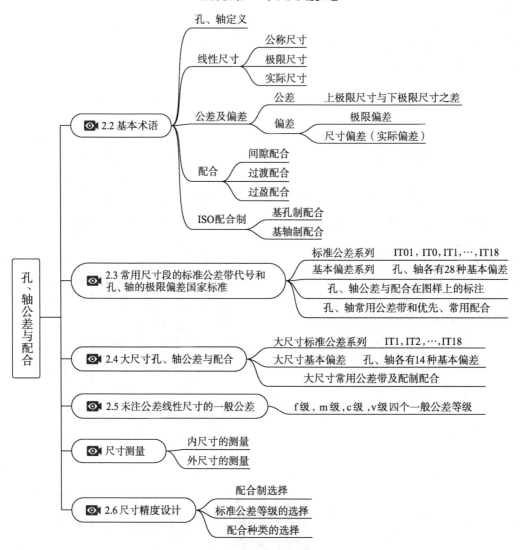

---

1. 公称尺寸 由图样规范定义的理想形状要素的尺寸，是根据零件的强度、刚度、工艺、结构等各种条件确定并经圆整后得到的尺寸，应尽量采用标准尺寸。

① 它只反映零件尺寸的大小，不表示对完工零件实际尺寸的要求。

② 有配合关系的孔和轴的公称尺寸相同，统一用符号 D 表示。

2. 极限尺寸 尺寸要素的尺寸所允许的极限值，其中，允许的最大尺寸为上极限尺寸，孔和轴的上极限尺寸分别用符号 D_{max} 和 d_{max} 表示；允许的最小尺寸为下极限尺寸，孔和轴的下极限尺寸分别用符号 D_{min} 和 d_{min} 表示。

极限尺寸是在确定公称尺寸的同时，考虑加工经济性并满足某种使用要求而确定的。

3. 实际尺寸 工件加工后通过测量获得的尺寸。

① 实际尺寸含有测量误差，不是零件真实尺寸的反映。
② 不能认为完工零件的实际尺寸愈接近公称尺寸愈好。

4. 公差 上极限尺寸与下极限尺寸之差，或上极限偏差与下极限偏差之差。

① 公差是没有正、负号的绝对值。
② 公差值不能为零值。

5. 偏差 某一尺寸减其公称尺寸所得到的代数差。

① 偏差对应实际尺寸减其公称尺寸，又称实际偏差；极限偏差对应极限尺寸减其公称尺寸。
② 偏差是代数差，数值前必须冠以正、负号。

6. 配合 类型相同且待装配的外尺寸要素（轴）和内尺寸要素（孔）之间的关系。

① 不能把实际孔和轴装配以后的松紧情况称为配合。
② 配合是根据使用要求由设计确定的，而不是由实际孔、轴尺寸确定的。

7. 标准公差 线性尺寸公差 ISO 代号体系中的任一公差，它的数值取决于孔或轴的标准公差等级和公称尺寸。

① 标准公差等级标示符（即代号）由 IT 与标准公差等级数组成（如 IT7），等级数越小（如 IT1 中的 1），则对应的标准公差等级越高；标准公差等级数值越小，加工精度越高。
② 标准公差数值决定公差带大小。

8. 基本偏差 线性尺寸公差 ISO 代号体系中，用以确定公差带相对公称尺寸位置的那个极限偏差（基本偏差是最接近公称尺寸的那个极限偏差）。

基本偏差与公称尺寸和使用要求（配合的松紧）有关，一般与公差等级无关。

B. 慕课学习难点剖析

1. 公称尺寸、极限尺寸和实际尺寸有何区别和联系？

公称尺寸是指设计确定的尺寸，它的获得与本门课程无关，需要的是机械原理、机械设计、材料力学等相关知识。极限尺寸包括上、下极限尺寸，确定极限尺寸实际上就是尺寸精度设计，它需要以公称尺寸作为已知条件，综合考虑孔、轴配合要求和加工经济性来确定其数值大小。极限尺寸可能比公称尺寸大，也可能比公称尺寸小。极限尺寸反映在图纸上，指导工人加工制造零件。最终判定零件是否合格，要将实际尺寸和极限尺寸做比较，而它们与公称尺寸之间没有确定的大小关系，零件加工后的实际尺寸在上、下极限尺寸范围内，则该加工零件实际尺寸合格。三种尺寸之间的关系如图 1-2-1 所示。

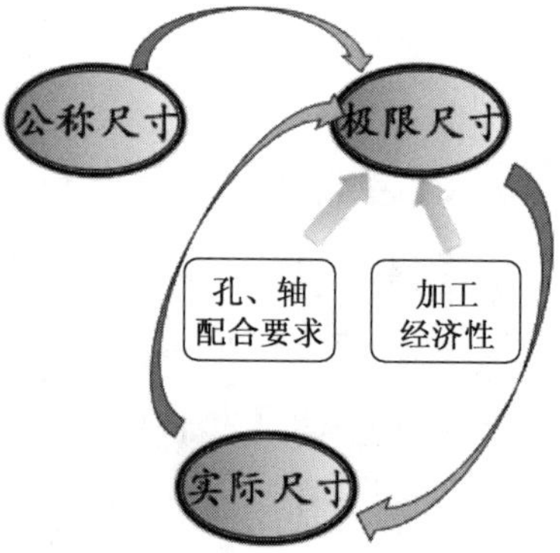

图 1-2-1　三种尺寸的内在联系示意图

2. 如何理解过渡配合?

孔和轴装配时可能具有间隙或过盈的配合称为过渡配合，它是配合种类中的一种。配合反映公称尺寸相同的孔和轴结合的松紧程度，间隙配合是松配合，过盈配合是紧配合。过渡配合若产生间隙，间隙量不大；若产生过盈，过盈量也不大。切不可把过渡配合理解成既是间隙配合又是过盈配合。

C. 慕课典型习题解析

【例 1-2-1】　根据表 1-2-1 中给出的数值，计算出表中空格处的数值并填入表中。

表 1-2-1　例 1-2-1 附表　　　　　　　　　　　　　　　　　μm

公称尺寸	孔			轴			X_{max} 或 Y_{min}	X_{min} 或 Y_{max}	X_{av} 或 Y_{av}	T_f	基准制	配合性质
	ES	EI	T_h	es	ei	T_s						
$\phi 25$		0	21				+74		+57			
$\phi 14$		0			10			−12	+2.5			
$\phi 45$			25	0				−50	−29.5			

解题方略：根据 $ES(es) - EI(ei) = T_h(T_s)$，

$T_f = X_{max} - X_{min} = Y_{min} - Y_{max} = X_{max} - Y_{max} = T_h + T_s$，

$X_{av}(Y_{av}) = (X_{max} + X_{min})/2 = (Y_{max} + Y_{min})/2 = (X_{max} + Y_{max})/2$

进行计算，即可求得空格处未知数值。

再根据孔的下极限偏差为零即为基孔制、轴的上极限偏差为零即为基轴制来判定基准制。

若 $EI \geqslant es$，则此配合为间隙配合；若 $ei < ES < es$，则为过渡配合；若 $ES \leqslant ei$，则为过盈配合。

解：如 $\phi 25$，根据 $X_{av} = (X_{max} + X_{min})/2$ 求出

$$X_{min} = +40 \ \mu m; \ T_f = X_{max} - X_{min} = (+74) - (+40) = 34 \ \mu m$$

$$T_s = T_f - T_h = 34 - 21 = 13 \ \mu m; \ ES = EI + T_h = 0 + 21 = +21 \ \mu m$$

$$es = EI - X_{min} = 0 - (+40) = -40 \ \mu m$$
$$ei = es - T_s = (-40) - 13 = -53 \ \mu m$$

孔的下极限偏差 $EI = 0$，为基孔制；$EI > es$，此配合性质为间隙配合。

同理可求得 $\phi 14$，$\phi 45$ 各空格处未知数值，计算结果见表 1-2-2

表 1-2-2　例 1-2-1 计算结果

μm

公称尺寸	孔			轴			X_{max} 或 Y_{min}	X_{min} 或 Y_{max}	X_{av} 或 Y_{av}	T_f	基准制	配合性质
	ES	EI	T_h	es	ei	T_s						
$\phi 25$	+21	0	21	-40	-53	13	+74	+40	+57	34	基孔	间隙
$\phi 14$	+19	0	19	+12	+2	10	+17	-12	+2.5	29	基孔	过渡
$\phi 45$	-25	-50	25	0	-16	16	-9	-50	-29.5	41	基轴	过盈

【例 1-2-2】　设孔、轴配合的尺寸和使用要求如下：$D = 20$ mm，$X_{max} = +6 \ \mu m$，$Y_{max} = -28 \ \mu m$；采用基孔制或基轴制，结合计算公式和查表确定孔和轴的公差等级、公差带代号，并画出孔、轴公差带示意图。

解题方略： 已知使用要求确定孔、轴公差等级及配合代号的问题，应利用配合公差与配合极限量之间的关系，以及配合公差与孔公差和轴公差之间的关系，先采用等公差法求出孔、轴的平均公差，再查标准公差表核算出标准公差，然后通过基准制选择原则确定基准制，最后计算出非基准孔或非基准轴的基本偏差数值即可解答此类问题。

解： $T_f = X_{max} - Y_{max} = (+6) - (-28) = 34 \ \mu m$，

令 $T_s = T_h = 34/2 = 17 \ \mu m$，

查标准公差表（见教材表 2-5）得标准公差值为 IT7 = 21 μm，IT6 = 13 μm。

按工艺等价性，$T_h = 21 \ \mu m$，$T_s = 13 \ \mu m$。

基孔制：$EI = 0$，$ES = EI + T_h = +21 \ \mu m$，

$ei = ES - X_{max} = (+21) - (+6) = +15 \ \mu m$，

查轴的基本偏差表（见教材的表 2-7），可知轴的基本偏差代号为 n，$es = ei + T_s = (+15) + 13 = +28 \ \mu m$，经验证满足题目要求，所以孔的公差带代号为 H7，轴的公差带代号为 n6。公差带示意图见图 1-2-2。

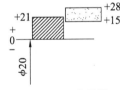

图 1-2-2　公差带
示意图

【例 1-2-3】　将基孔制配合 $\phi 40 H7 \left(^{+0.025}_{0}\right) / t6 \left(^{+0.064}_{+0.048}\right)$ 变为基轴制同名配合，两者配合性质不变，并确定基轴制配合中孔、轴的极限偏差、极限间隙或过盈、配合公差。画出孔、轴公差带示意图。

解题方略： 根据同字母所表示的孔、轴基本偏差，在相应公差等级不变的情况下，按基轴制形成的配合与按基孔制形成的配合，其配合性质不变的原则，写出基轴制配合，通过查表、使用特殊规则或通用规则及以下基本公式即可解答。

$$T_s = es - ei; \quad Y_{max} = EI - es, \quad Y_{min} = ES - ei; \quad T_f = Y_{min} - Y_{max} = T_h + T_s$$

解：（1）同名基轴制配合为 $\phi 40 T7 / h6$。

（2）由题意可得 $T_h = $ IT7 = 25 μm，$T_s = $ IT6 = 16 μm，因为此配合为过盈配合且孔的精度等级为 7 级，所以 $\phi 40 T7$ 孔的基本偏差计算适用特殊规则，即

$ES = -ei + \Delta = -ei + (T_\text{h} - T_\text{s}) = (-48) + 9 = -39 \ \mu\text{m}$,

$EI = ES - T_\text{h} = (-39) - 25 = -64 \ \mu\text{m}$,

$\phi 40\text{h}6$ 为基轴制，所以 $es = 0$，$ei = es - T_\text{s} = 0 - 16 = -16 \ \mu\text{m}$。

公差带示意图见图 1-2-3。

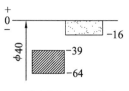

图 1-2-3 公差带示意图

【例 1-2-4】 图 1-2-4 所示为钻模的一部分。钻模板上有衬套，要求快换钻套在工作中能迅速更换。当快换钻套以其铣成的缺边对正钻套螺钉后可以直接装入衬套的孔中，再顺时针旋转一个角度，钻套螺钉的下端面就盖住快换钻套的另一缺口面。这样钻削时，快换钻套便不会因为切屑排出产生的摩擦力而退出衬套的孔外。当钻孔后更换快换钻套时，可将快换钻套逆时针旋转一个角度后直接取下，换上另一个孔径不同的快换钻套而不必将钻套螺钉取下。钻模现需加工工件上的 $\phi 12$ mm孔，试采用类比法选择衬套与钻模板的公差配合、钻孔时快换钻套与衬套及快换钻套内孔与钻头的公差与配合。

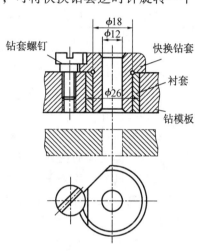

图 1-2-4 钻模板上的快换钻套、衬套

解题方略： 配合的选择包括三个方面：① 基准制的选择；② 公差等级的选择；③ 配合种类的选择。一般根据配合要求和尺寸精度设计原则与方法进行此类问题的解答。

解： ① 基准制的选择。

衬套与钻模板和快换钻套与衬套的配合，由于结构无特殊要求，按尺寸精度设计原则，二者都优先选择基孔制；而由于钻头是标准件，所以快换钻套内孔与钻头的配合选择基轴制。

② 公差等级的选择。

根据教材中表 2-17 和表 2-18 标准公差等级的应用的内容，可以按照用于配合尺寸的 IT5 ~ IT12 级选用。重要配合，对轴可以选择 IT6 级，对孔可以选择 IT7 级。钻模板内孔、衬套内孔、快换钻套内孔统一选 IT7 级；衬套外圆、快换钻套外圆统一选 IT6 级。

③ 配合种类的选择。

衬套安装在钻模板内，为薄壁零件，应考虑其容易变形的特点。使用衬套是为了避免钻模板的磨损，衬套工作一段时间后需更换。衬套与钻模板之间在工作时要保持相对静止，也有较高的定心精度要求，但过盈量又不能太大，因此可选用平均过盈概率大的过渡配合 $\phi 26\text{H}7/\text{n}6$。

快换钻套安装在衬套内孔中，它的作用是确定被加工工件上孔的位置，引导钻头并防止其在加工过程中发生偏斜，所以快换钻套的外圆与衬套的内孔之间有较高的定心精度要求，同时考虑到更换快换钻套要迅速方便，可选用 $\phi 18\text{H}7/\text{g}6$ 或 $\phi 18\text{H}7/\text{h}6$ 小间隙配合。

快换钻套内孔引导钻头进给，既要保证导向精度，又要防止间隙过小而卡死，所以快换钻套内孔采用基轴制的 $\phi 12\text{F}7$。

这里需要提醒的是，在实际夹具标准中，为便于制造，统一了快换钻套内孔和衬套内孔的公差带，规定统一选用 F7，所以在衬套内孔公差带为 F7 的前提下，选用相当于 $\phi 18H7/g6$ 或 $\phi 18H7/h6$ 类配合的 $\phi 18F7/k6$ 或 $\phi 18F7/m6$ 非基准制配合。基孔制 $\phi 18H7/g6$ 配合与非基准制 $\phi 18F7/k6$ 配合的公差带示意图对比见图 1-2-5，从图上可见，两者极限间隙基本相同（前者 $X_{\min} = +6\ \mu m$，后者 $X_{\min} = +4\ \mu m$，两者最大间隙分别是 $+35\ \mu m$ 和 $+33\ \mu m$）。

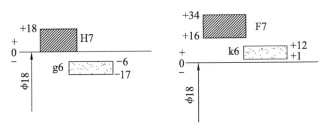

图 1-2-5　$\phi 18H7/g6$ 与 $\phi 18F7/k6$ 公差带对比示意图

慕课第二章自测题解析

一、判断题

1. 单件小批生产的配合零件可以实行"配制"，虽没有互换性但仍是允许的。（√）

解析： 单件小批生产的配合零件按互换性原则加工不经济，所以可以实行"配制"，虽没互换性但仍允许。

2. 过渡配合可能有间隙，也可能有过盈，因此，过渡配合可以算间隙配合，也可以算过盈配合。（×）

解析： 结合中出现间隙或过盈现象是过渡配合的特点，不能和其他配合种类混淆。

3. 利用同一种加工方法加工轴，设计尺寸为 $\phi 50h7$ 的轴比 $\phi 30f6$ 的轴加工困难。（×）

解析： 在加工方法相同的情况下，标准公差等级越高，则加工越困难。

4. 某孔公称尺寸为 $\phi 20$ mm，要求上极限偏差为 -0.046 mm，下极限偏差为 -0.067 mm，今测得其实际尺寸为 $\phi 19.942$ mm，可以判断该孔合格。（√）

解析： 一般完工零件的实际尺寸在上极限尺寸和下极限尺寸之间，则判定该零件合格。该孔上极限尺寸为 19.954 mm，下极限尺寸为 19.933 mm，而实际尺寸 19.942 mm 在此上、下极限尺寸范围内，故该孔合格。

5. 常用尺寸孔、轴配合中，配合公差总是大于孔或轴的尺寸公差。（√）

解析： 配合公差等于孔的尺寸公差加轴的尺寸公差，即 $T_f = T_h + T_s$，显然配合公差总是大于孔或轴的尺寸公差。

6. 图样上没有标注公差的尺寸就是自由尺寸，没有公差要求。（×）

解析：未直接标注公差的尺寸一般为非配合尺寸或不太重要的尺寸，为了保证达到使用要求，避免在生产中引起不必要的纠纷，GB/T 1804 对未注公差的线性尺寸规定了一般公差。

7. 用立式光学比较仪测量塞规直径是比较测量，也是直接测量。（✓）

解析：测量方法按照实测几何量是否为被测几何量可以分为直接测量和间接测量；按计量器具的指示值是否为被测几何量的量值，测量方法可以分为绝对测量和相对测量，而相对测量也叫比较测量。立式光学比较仪测量塞规直径，是用量块作为标准量，测出直径与量块之间的差值，进而计算求得塞规直径，所以既是直接测量又是比较测量。

8. 同一公差等级的孔和轴的标准公差数值一定相等。（×）

解析：标准公差数值是否相等还取决于它们的公称尺寸是否处于同一公称尺寸段。

二、单项选择题

1. 以下各组配合中，配合性质不相同的是（A）。
   A. $\phi 30H7/f6$ 和 $\phi 30H7/f7$
   B. $\phi 30P7/h6$ 和 $\phi 30H7/p6$
   C. $\phi 30M8/h7$ 和 $\phi 30H8/m7$
   D. $\phi 30H7/f6$ 和 $\phi 30F7/h6$

解析：判断配合性质相同的两条依据包括：

① 首先观察配合代号是否服从同名转换规则，即基孔制转换成基轴制，非基准件基本偏差代号同名，且标准公差等级保持不变，故 A 选项配合性质不相同。

② 再根据过渡或过盈配合中非基准孔的基本偏差数值计算应满足通用规则还是特殊规则，来确定孔、轴标准公差等级是同级还是孔比轴低一级。

故 B、C、D 选项配合性质相同。

2. 零件尺寸的极限偏差是（B）。
   A. 测量得到的
   B. 设计给定的
   C. 加工后形成的
   D. 以上答案均不对

解析：极限尺寸，需要以公称尺寸作为已知条件，综合考虑孔、轴配合要求和加工经济性来确定其数值大小。

3. 若孔与轴配合的最大间隙为+30 μm，孔的下极限偏差为−11 μm，轴的下极限偏差为−16 μm，轴的公差为 16 μm，则配合公差为（D）。
   A. 54 μm   B. 47 μm   C. 46 μm   D. 41 μm

解析：$ES = X_{max} + ei = (+30) + (-16) = +14$ μm；$T_h = ES - EI = 14 - (-11) = 25$ μm；$T_f = T_h + T_s = 25 + 16 = 41$ μm。

4. 已知 $\phi 50k6$ 的基本偏差为+0.002 mm，公差值为 0.016 mm，$\phi 50K7$ 的公差值为 0.025 mm，则其基本偏差为（C）。
   A. −0.018 mm   B. −0.009 mm   C. +0.007 mm   D. −0.002 mm

解析：同名孔、轴基本偏差数值关联，$\phi 50K7$ 的基本偏差计算遵守特殊规则，即

$$ES_{(K)} = -ei_{(k)} + (IT7-IT6) = (-0.002) + (0.025-0.016) = +0.007 \text{ mm}$$

5. $\phi 20R7$ 和 $\phi 20R8$ 两个公差带的（D）。

    A. 上极限偏差相同且下极限偏差相同

    B. 上极限偏差相同而下极限偏差不同

    C. 上极限偏差不同而下极限偏差相同

    D. 上、下极限偏差都不同

解析： ① 公称尺寸相同的同名孔、轴基本偏差数值关联；② 上、下极限偏差数值关联。

$\phi 20R7$ 的基本偏差计算遵守特殊规则，即 $ES_{(R7)} = -ei_{(r)} + (IT7-IT6)$；

$\phi 20R8$ 的基本偏差计算遵守通用规则，即 $ES_{(R8)} = -ei_{(r)}$，因此，上极限偏差不同，$ES_{(R7)} > ES_{(R8)}$；

又对应 $\phi 20$ 的 IT7<IT8，必然有 $EI_{(R7)} > EI_{(R8)}$，所以上、下极限偏差都不同。

6. 某基轴制配合中轴的公差为 $18~\mu m$，最大间隙为 $+10~\mu m$，则该配合一定是（B）。

    A. 间隙配合   B. 过渡配合   C. 过盈配合   D. 无法确定

解析： 基轴制，$es=0$，$ei=-18$ mm，由 $X_{max}=ES-ei$，求得 $ES=-8~\mu m$，$ei<ES<es$，因此孔的公差带与轴的公差带相互交叠，故为过渡配合。

7. 减速器上滚动轴承内圈与轴颈的配合采用（A）。

    A. 基孔制   B. 基轴制   C. 非基准制   D. 不确定

解析： 本题考查配合制选择原则。与标准件配合时配合制的选取根据标准件而定，滚动轴承是标准件，其内圈的孔与轴颈形成配合时，应采用基孔制。

8. 用立式光学比较仪测量圆柱体工件，已知量块尺寸为 30 mm，读数值为 $+10~\mu m$，工件的实际尺寸为（D）。

    A. 29.99 mm   B. 29.995 mm   C. 30.005 mm   D. 30.01mm

解析： 立式光学比较仪测量圆柱体工件属于相对测量，测得的圆柱实际尺寸等于量块的标准量 30 mm 与测得的直径与量块之间差值 $+10~\mu m$ 的代数和，即 30+0.01 = 30.01 mm。

三、多项选择题

1. 下列关于孔、轴公差与配合在图样上标注的说法有误的是（AC）。

    A. 零件图上标注上、下极限偏差数值时，零偏差可以省略

    B. 零件图上可以同时标注公差带代号及上、下极限偏差数值

    C. 装配图上标注的配合代号用分数形式表示，分子为轴公差带代号

    D. 零件图上孔、轴公差的标注方法往往与其生产类型有关

解析： 零件图标注时，极限偏差为 0 时不能省略，故 A 选项错误；装配图标注时，配合代号分子为孔公差带代号，故 C 选项错误。

2. 下列孔、轴配合中，应选用过渡配合的有（AD）。
　　A. 既要求对中，又要求装拆方便
　　B. 工作时有相对运动
　　C. 保证相对位置不变且传递扭矩的可拆结合
　　D. 要求定心好，载荷由键传递

解析： 过渡配合若产生间隙，间隙量不大；若产生过盈，过盈量也不大。因此，当对配合件有对中、装拆方便、加键传递载荷的要求时应选过渡配合。

3. 选择配合制时应优先选用基孔制的理由是（ABD）。
　　A. 同精度下孔比轴难加工　　　　B. 减少定尺寸刀具、量具的规格数量
　　C. 同精度下保证使用要求　　　　D. 减少孔公差带数量

解析： 孔的加工要使用钻头等定尺寸刀具和光滑极限塞规检验，所以选配合制时，优先选基孔制可以减少孔的公差带数量，从而可以减少定尺寸刀具和塞规的数量，经济合理。同精度下孔比轴难加工，也是优先选基孔制的理由。

4. 下列情况下，一般应选用基轴制配合的有（ACD）。
　　A. 同一公称尺寸轴的表面有多孔与之配合，且配合性质不同
　　B. 齿轮定位孔与工作轴的配合
　　C. 减速器上滚动轴承外圈与轴承座孔的配合
　　D. 使用冷拉钢材直接作轴

解析： 本题考查基轴制的应用，在以下情况下一般选基轴制配合：① 一轴配多孔且形成性质不同的配合；② 冷拉钢材直接作轴；③ 滚动轴承外圈与轴承座孔的配合。

D. 思考练习题及解析

1. 尺寸公差与极限偏差有何区别和联系？

思路点拨： 考查尺寸公差与极限偏差的概念。参考慕课第 7 节"基本术语-偏差与公差"。

2. 什么是标准公差和基本偏差？它们与公差带有何关系？

思路点拨： 考查基本概念，唯有确定两个要素才能确定公差带。参考慕课第 7 节"基本术语-偏差与公差"。

3. 孔、轴公差与配合的选择包括哪三方面的内容？

思路点拨： 考查尺寸精度设计的基本内容。参考慕课第 18 节"尺寸精度设计基本原则与方法"。

4. 三类配合的孔、轴公差带的相对位置各有何特点？

思路点拨： 孔、轴公差带的位置关系反映孔、轴配合性质。参考慕课第 8 节"基本

术语-配合"。

5. 在不查表的情况下，判别$\phi 25H7/r7$与$\phi 25R7/h7$配合性质是否相同。

思路点拨： 考查配合性质不变的判定依据，进一步理解通用规则和特殊规则。参考慕课第13节"基本偏差系列（定量）"。

6. 根据表1-2-3中给出的数值，求出空格处的数值并填入。

表 1-2-3　思考练习题 6 附表　　　　　　　　　　mm

D	D_{max} (d_{max})	D_{min} (d_{min})	ES (es)	EI (ei)	T_h (T_s)	尺寸标注
孔$\phi 8$	8.04	8				
轴$\phi 60$			-0.060		0.046	
孔$\phi 30$		30.020			0.130	
轴$\phi 50$						$\phi 50^{-0.050}_{-0.112}$

思路点拨： 考查尺寸、偏差、公差之间的计算，进一步理解它们之间的内在联系。参照慕课第7节"基本术语-偏差与公差"中的公式计算。

◇ **参考答案**

问题 1 答： 尺寸公差与极限偏差的联系：公差等于上极限偏差减下极限偏差。

尺寸公差与极限偏差的区别：① 从数值上看，偏差是代数值，公差是绝对值。② 从工艺上看，公差的大小表示对一批零件尺寸允许的差异范围，反映尺寸制造精度，即零件加工的难易程度；极限偏差的大小表示每个零件尺寸偏差大小允许变动的界限，是判断零件尺寸是否合格的依据。③ 从作用上看，极限偏差用于控制实际偏差，影响配合的松紧；而公差则影响配合的精度。

问题 2 答： 标准公差是线性尺寸公差 ISO 代号体系中的任一公差，它的数值取决于孔或轴的标准公差等级和公称尺寸。基本偏差是指最接近公称尺寸的那个极限偏差。确定公差带需要确定两个要素，一是"公差大小"，二是"公差带位置"，其中公差大小由标准公差数值决定，公差带位置由基本偏差决定。

问题 3 答： 孔、轴公差与配合的选择包括配合制的选择、标准公差等级的选择、配合种类的选择。

问题 4 答： 配合分三类：间隙配合、过渡配合和过盈配合。间隙配合中孔的公差带完全在轴的公差带上方；过盈配合中孔的公差带完全在轴的公差带下方；过渡配合中孔的公差带和轴的公差带相互重叠。

问题 5 答： $\phi 25H7/r7$与$\phi 25R7/h7$符合孔轴同名转换，但$\phi 25H7/r7$是过盈配合，孔是 7 级精度，所以在基轴制配合中非基准孔的基本偏差数值计算应该用特殊规则，孔的精度要比轴低一级相配，即$\phi 25H7/r6$与$\phi 25R7/h6$才是配合性质相同的同名配合，因此题中$\phi 25H7/r7$与$\phi 25R7/h7$配合性质不相同。

问题6答：孔$\phi 8$：$ES=D_{max}-D=8.04-8=+0.04$ mm，$EI=D_{min}-D=8-8=0$ mm，$T_h=D_{max}-D_{min}=8.04-8=0.04$ mm。相关计算结果见表1-2-4。

表1-2-4 思考练习题6计算结果　　　　　　　　　　mm

D	D_{max}（d_{max}）	D_{min}（d_{min}）	ES（es）	EI（ei）	T_h（T_s）	尺寸标注
孔$\phi 8$	8.04	8	+0.04	0	0.04	$\phi 8^{+0.04}_{0}$
轴$\phi 60$	59.940	59.894	−0.060	−0.106	0.046	$\phi 60^{-0.060}_{-0.106}$
孔$\phi 30$	30.150	30.020	+0.150	+0.020	0.130	$\phi 30^{+0.150}_{+0.020}$
轴$\phi 50$	49.950	49.888	−0.050	−0.112	0.062	$\phi 50^{-0.050}_{-0.112}$

知识延拓——公差与配合标准发展史

19世纪末20世纪初，英国的毛纺织业发达，专门生产剪羊毛机器的伦敦纽瓦尔公司为满足配件的大量供应，编辑公布了纽瓦尔标准——"极限表"，这是目前看到的最早的公差与配合标准。英国于1906年制定了B.S.27标准作为国家标准，后为改善军需产品生产质量，制定了B.S.164标准；美国最初的公差标准见于1925年出版的A.S.A.B4a国家标准中。它们都属于公差制的初期体制，比较简单，只有基孔制，配合也只有动配合、压配合、过渡配合三种。德国DIN标准继承并发展了英美初期公差制，明确提出了公差单位的概念，规定了基孔制和基轴制等，而且影响了诸如苏联、日本等旧公差制的制定，在公差发展史中占有重要地位。随着国际贸易交流愈来愈多，各国使用的公差制却不完善、不统一，为此1926年4月在布拉格正式成立了ISA国际标准化协会，其中第三委员会负责制定公差与配合标准，秘书国为德国。二战期间，ISA停止工作，战后由反法西斯国家在1947年2月重新建立了国际标准化组织，改名ISO，中央秘书处设于日内瓦。1962年ISO以ISA制为基础，正式颁布了ISO国际公差制的主要标准，构成现行国际标准。世界各国（包括中国）先后修订本国标准，采用了ISO国际公差标准。

从ISO国际公差标准的形成过程来看，它并不是由某个国家或某个科学家独立完成的，而是各国协作接力完成的。由此可知，不同国家的文明和智慧是相通的，人类的文明进步需要通力协作。大学生要重视自身团结协作精神的养成，要把不同的文明、科学技术兼容并蓄，树立"人类命运共同体"意识，在致力于实现中华民族伟大复兴中国梦的道路上，把"命运共同体"的优秀理念进一步发扬光大。

3 几何公差与误差检测学习指导

知识目标

① 掌握机械零件几何公差的基本概念和相关理论。

② 掌握机械零件几何公差（含公差原则）选择的基本原则与方法。

③ 掌握几何公差及公差原则在图样上的规范标注方法。

能力目标

① 具有正确理解、分析机械图纸中几何精度的能力和查阅及使用几何公差标准表格的能力，并能够应用相关知识对零件的制造工艺过程进行指导。

② 具有根据使用要求合理选择机械零件几何公差（含公差原则）的能力，选择过程中能够较好地处理使用要求与制造要求和经济性之间的矛盾。

③ 具有根据零件几何精度合理选择相关几何量的检测工具和检测方法的能力，并具有对典型零件的几何精度进行检测的能力。

扫码链接　慕课知识

教材第3章知识脉络

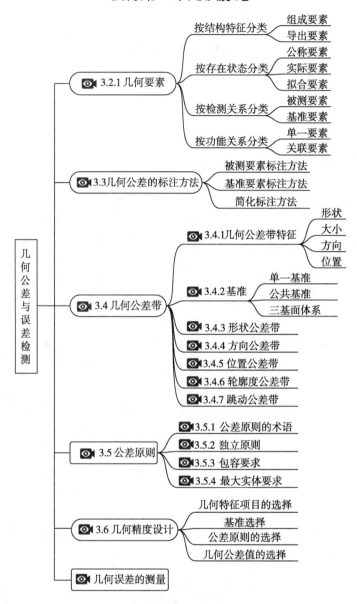

几何公差与误差检测

- 3.2.1 几何要素
  - 按结构特征分类
    - 组成要素
    - 导出要素
  - 按存在状态分类
    - 公称要素
    - 实际要素
    - 拟合要素
  - 按检测关系分类
    - 被测要素
    - 基准要素
  - 按功能关系分类
    - 单一要素
    - 关联要素
- 3.3 几何公差的标注方法
  - 被测要素标注方法
  - 基准要素标注方法
  - 简化标注方法
- 3.4 几何公差带
  - 3.4.1 几何公差带特征
    - 形状
    - 大小
    - 方向
    - 位置
  - 3.4.2 基准
    - 单一基准
    - 公共基准
    - 三基面体系
  - 3.4.3 形状公差带
  - 3.4.4 方向公差带
  - 3.4.5 位置公差带
  - 3.4.6 轮廓度公差带
  - 3.4.7 跳动公差带
- 3.5 公差原则
  - 3.5.1 公差原则的术语
  - 3.5.2 独立原则
  - 3.5.3 包容要求
  - 3.5.4 最大实体要求
- 3.6 几何精度设计
  - 几何特征项目的选择
  - 基准选择
  - 公差原则的选择
  - 几何公差值的选择
- 几何误差的测量

A. 慕课重点知识点睛

1. 几何公差带 几何公差带是由一个或几个理想的几何线或面限定、用线性公差值表示其大小的区域。

① 在国标中几何公差带有九种主要的理想形状，包括两平行直线之间的区域、两等距曲线之间的区域、两同心圆之间的区域、圆内的区域、圆球内的区域、圆柱面内的

区域、两同轴线圆柱面之间的区域、两平行平面之间的区域、两等距曲面之间的区域。

② 几何公差带区域可以是平面区域也可以是空间区域。

③ 几何公差带具有形状、大小、方向和位置四个特征。

2. 基准 基准是指用来定义被测要素几何位置关系的参考对象。

① 基准应具有理想形状，有时还应有理想方向。

② 在几何公差标注中，与被测要素有关的基准要用基准符号表达。基准符号由一个基准方框和一个涂黑的或空白的基准三角形组成，用细实线连接构成，基准字母注写在基准方框内，且要水平书写，如图 1-3-1 所示。

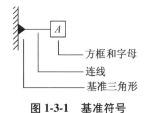

图 1-3-1　基准符号

③ 基准符号中的基准字母不得采用 E，F，I，J，L，M，O，P，R 九个字母。

3. 独立原则 独立原则是指图样上对某要素注出或未注的尺寸公差与几何公差各自独立，分别满足各自要求的公差原则。

① 尺寸公差仅仅控制实际尺寸的变动而不控制要素的几何误差。

② 几何公差控制几何误差，与实际尺寸无关。

4. 相关要求 指几何公差与尺寸公差有关的公差原则。

① 相关要求与独立原则的区别主要体现在几何误差的控制方法上。

② 相关要求根据给定的边界不同，分为包容要求Ⓔ、最大实体要求Ⓜ、最小实体要求Ⓛ和可逆要求Ⓡ（可逆要求不能单独使用，必须与最大实体要求或最小实体要求联合使用）。

③ 包容要求遵守最大实体边界，最大实体要求遵守最大实体实效边界，最小实体要求遵守最小实体实效边界。

B. 慕课学习难点剖析

1. 独立原则和相关要求有何区别？

① 遵守独立原则的被测要素，要用通用测量器具测出实际被测要素的几何误差值和实际尺寸的大小，然后分别与给定的几何公差值和极限尺寸比较，来确定其合格性。

② 遵守相关要求的被测要素，不用实测其几何误差值，而用给定的理想边界（最大实体边界或最大实体实效边界）来控制几何误差。实际生产中的各种光滑极限量规、位置量规，就是这种边界的体现。用量规检验被测要素时，被测要素实际轮廓不超出量规体现的边界，其几何误差就合格。因此，遵守相关要求的被测要素，是用理想边界控制其几何误差和尺寸误差的综合结果来判定被测要素（零件）是否合格的，而不是单独检测几何误差值和实际尺寸。

2. 什么是边界？

边界是由设计给定的具有理想形状的极限包容面（极限圆柱面或两平行平面），用来控制被测要素的实际尺寸和几何误差的综合结果。单一要素的边界没有方位的约束，而关联要素的边界应与基准保持图样上给定的几何关系。以最大实体尺寸作为边界尺寸的理想极限包容面称为最大实体边界；以最大实体实效尺寸作为边界尺寸的理想极限包容面称为最大实体实效边界。

3. 独立原则、包容要求、最大实体要求有何区别？

三者直接的区别见表 1-3-1。

表 1-3-1 独立原则、包容要求和最大实体要求的区别

	独立原则	包容要求	最大实体要求
遵守的边界	无	最大实体边界	最大实体实效边界
孔、轴合格性条件	$\begin{cases} D_{min}(d_{min}) \le D_a(d_a) \le D_{max}(d_{max}) \\ f_{几何误差} \le t_{几何公差} \end{cases}$	孔：$D_{fe} \ge D_M = D_{min}$ 且 $D_a \le D_{max}$ 轴：$d_{fe} \le d_M = d_{max}$ 且 $d_a \ge d_{min}$	孔：$D_{fe} \ge D_{MV} = D_M - t$Ⓜ 且 $D_{min} \le D_a \le D_{max}$ 轴：$d_{fe} \le d_{MV} = d_M + t$Ⓜ 且 $d_{min} \le d_a \le d_{max}$
几何公差与尺寸公差的关系	无关，各自独立	$t_{形状} = \|D_a(d_a) - D_M(d_M)\|$ $0 \le t_{形状} \le T$	$t_{几何} = \|d_a(D_a) - d_M(D_M)\| + t$Ⓜ tⓂ$\le t_{几何} \le t$Ⓜ$+T$
孔、轴的测量	实际尺寸采用两点法测量；几何误差使用普通计量器具测量	光滑极限量规	功能量规
应用范围	分别满足功能要求	适用于单一要素；主要用于需要保证配合性质的场合	适用于导出要素；保证装配互换性，能充分利用图样上给出的几何公差和尺寸公差，提高零件的合格率

C. 慕课典型习题解析

【例 1-3-1】   请将下列各项几何公差要求标注在图 1-3-2 上。

① 左端面的平面度公差为 0.01 mm；

② 右端面对左端面的平行度公差为 0.04 mm；

③ $\phi 70$ 孔采用 H7 并遵守包容要求，$\phi 210$ 外圆柱面采用 h7 并遵守独立原则；

④ $\phi 70$ 孔的轴线对左端面的垂直度公差为 0.02 mm；

⑤ $\phi 210$ 外圆柱面的轴线对 $\phi 70$ 孔轴线的同轴度公差为 0.03 mm；

⑥ 4×φ20H8 孔的轴线对左端面（第一基准）及φ70 孔的轴线的位置度公差为 0.15 mm；被测轴线的位置度公差与φ20H8 孔的尺寸公差的关系采用最大实体要求，与基准孔的关系也采用最大实体要求。

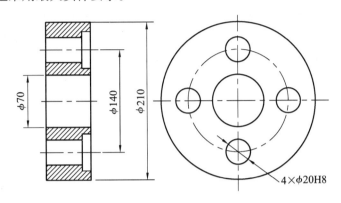

图 1-3-2　例 1-3-1 附图

解题方略： 标注几何公差时，首先区分是基准要素的标注还是被测要素的标注。

若是被测要素的标注，则要注意：① 区分被测要素是组成要素还是导出要素，组成要素的公差框格指引线箭头应指向其轮廓表面或延长线上；导出要素的公差框格指引线箭头应指向其轮廓的尺寸线并与尺寸线对齐。② 区分公差带形状，公差带形状为圆形、圆柱形时公差数值前加φ，为球形时加Sφ。③ 区分有无基准，无基准的形状公差，公差框格为两格；涉及基准的方向公差、位置公差、跳动公差，公差框格至少要三格以上。④ 注意同一被测要素形状公差值、方向公差值、位置公差值三者间的关系，形状公差值<方向公差值<位置公差值。⑤ 注意应用的公差原则。

若是基准要素的标注，则要注意：① 区分基准要素是组成要素还是导出要素，若为组成要素，基准符号直接置于其轮廓表面或延长线上；若为导出要素，基准符号要置于导出要素对应的轮廓尺寸线上，并且基准符号中的细实线与尺寸线对齐。② 基准符号中的基准字母必须水平书写，且不能使用 E、F、I、J、L、M、O、P、R 九个字母。

解： ① 标注左端面的平面度公差：被标注的是组成要素的形状公差，所以几何公差框格的指引线箭头应指向其轮廓表面或延长线上；平面度公差带形状为两平行平面间的区域，所以公差数值前不加φ；形状公差不涉及基准，公差框格为两格。

② 标注右端面的平行度公差：被标注的是组成要素的方向公差，所以几何公差框格的指引线箭头应指向其轮廓表面或延长线上；右端面对左端面的平行度公差带形状为平行于基准——左端面的两平行平面间的区域，所以公差数值前不加φ；平行度属于方向公差，涉及基准，公差框格为三格，基准即左端面是组成要素，所以基准符号直接置于其轮廓表面或延长线上。

③ 标注公差原则：φ70 孔采用 H7 并遵守包容要求，则在φ70H7 孔公差带后标注Ⓔ；φ210 外圆柱面采用 h7 并遵守独立原则，只需标注φ210h7 尺寸公差，遵守独立原则不标注任何其他的特定符号。

④ 标注φ70 孔的轴线对左端面的垂直度公差：φ70 孔的轴线是导出要素，所以其垂直度公差框格指引线箭头应指向φ70 孔的尺寸线并与其对齐；孔轴线对左端面的垂直

度公差带形状为圆柱形，所以在公差数值 0.02 前加 φ；垂直度属于方向公差，涉及基准，公差框格为三格，基准即左端面是组成要素，所以基准符号直接置于其轮廓表面或延长线上。

⑤ 标注 φ210 外圆柱面的轴线对 φ70 孔轴线的同轴度公差：φ210 外圆柱面的轴线是导出要素，所以其同轴度公差框格指引线箭头应指向 φ210 外圆柱面的尺寸线并与其对齐；φ210 外圆柱面轴线对 φ70 孔轴线的同轴度公差带形状为圆柱形，所以在公差数值 0.03 前加 φ；同轴度属于位置公差，涉及基准，公差框格为三格，基准即 φ70 孔轴线是导出要素，所以基准符号直接置于 φ70 孔的尺寸线上，并且基准符号中的细实线与 φ70 尺寸线对齐。

⑥ 标注 4×φ20H8 孔的轴线对左端面（第一基准）及 φ70 孔的轴线的位置度公差：φ20H8 孔的轴线是导出要素，所以其位置度公差框格指引线箭头应指向 φ20H8 孔的尺寸线并与其对齐；孔轴线的位置度公差带形状为圆柱形，所以在公差数值 0.15 前加 φ；位置度公差在这里涉及两个基准，公差框格为四格，左端面是第一基准，为组成要素，基准标注方法如④所述，φ70 孔轴线是第二基准，为导出要素，基准标注方法如⑤所述。被测轴线的位置度公差与 φ20H8 孔的尺寸公差的关系采用最大实体要求，则在公差值 φ0.15 后标注 Ⓜ；与基准孔的关系也采用最大实体要求，则在公差框格中代表 φ70 基准孔的字母后标注 Ⓜ。

具体标注如图 1-3-3 附图所示。

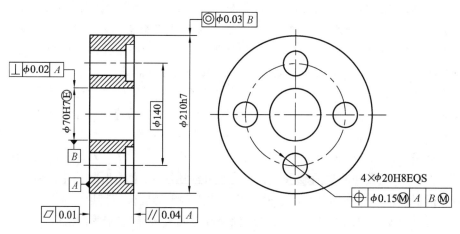

图 1-3-3　例 1-3-1 图标注示例

【**例 1-3-2**】　改正图 1-3-4 中几何公差标注的错误（几何公差项目不允许改变）。

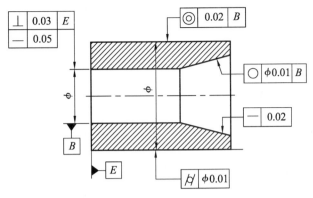

图 1-3-4　例 1-3-2 附图

解题方略： 对于改正几何公差标注错误的题目，应从四个方面分析并找出错误：

① 根据几何公差项目特征，判断公差框格带箭头的指引线的指向是否正确，指引线箭头是与尺寸线错开还是与尺寸线对齐。若是对组成要素提出的几何公差要求，则框格指引线箭头就要与尺寸线错开；若是对导出要素提出的几何公差要求，则指引线箭头就要与导出要素对应的轮廓尺寸线对齐标注。

② 注意框格第二格中几何公差数值前要不要加符号 φ 或 Sφ。当几何公差带形状为圆形或圆柱形时，几何公差数值前加 φ；当几何公差带形状为球形时，加 Sφ。

③ 注意基准符号标注是否正确。基准要素若是组成要素，则基准符号放置在它的轮廓表面或延长线上；若是导出要素，则基准符号放置在导出要素对应的轮廓尺寸线上，并且基准符号的细连线与尺寸线对齐。基准字母必须水平书写，不能使用 E，F，I，J，L，M，O，P，R 这九个字母。

④ 若对同一被测要素既提出形状公差要求又提出方向公差要求、位置公差要求，则要注意几何公差数值间的大小关系，即形状公差值要小于方向公差值、方向公差值要小于位置公差值。

解： ① 读图 1-3-4 可知，垂直度公差和直线度公差是对内孔轴线（导出要素）提出的公差要求。轴线的直线度公差带形状为圆柱形，轴线对端面 E 的垂直度公差带形状也为圆柱形，所以公差数值前都加 φ；直线度公差和垂直度公差是对同一要素（内孔轴线）提出的，且垂直度公差是方向公差，直线度公差是形状公差，直线度公差数值应小于垂直度公差数值，而标注中直线度公差数值 0.05 大于垂直度公差数值 0.03，所以错误；垂直度公差的基准符号字母不能使用字母 E。

② 同轴度公差是对外圆柱面轴线提出的位置公差要求，外圆柱面轴线是导出要素，公差框格指引线箭头与外圆柱面轮廓的尺寸线应对齐。同轴度公差带形状为圆柱形，应在公差数值前加 φ；同轴度公差是外圆柱面轴线对内孔轴线的同轴度，基准是内孔轴线，为导出要素，所以基准符号要放置于内孔轮廓的尺寸线上，并且基准符号的细连线与尺寸线对齐。

③ 圆度公差是对锥孔正截面提出的形状公差要求，公差框格指引线箭头应指向锥孔轮廓表面且与轴线垂直。圆度公差带的形状为同心圆环，不是圆，不能加 φ；形状公差不涉及基准，不能加基准符号。

④ 圆锥面的直线度公差是对其母线提出的形状公差要求，公差框格指引线箭头应指向锥孔轮廓表面且与锥孔母线垂直。

⑤ 圆柱度公差是对外圆柱面提出的形状公差要求，外圆柱面是组成要素，公差框格指引线箭头应指向外圆柱面轮廓，且与其尺寸线错开，圆柱度公差带形状为两同轴圆柱面间的区域，公差数值前不能加 φ。

正确的标注如图 1-3-5 所示。

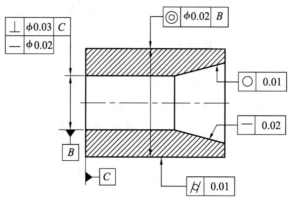

图 1-3-5　例 1-3-2 图标注示例

【例 1-3-3】　如图 1-3-6 所示零件加工后，设被测内孔圆柱的横截面形状正确，实际尺寸处处皆为 φ49.97 mm，轴线的垂直度误差值为 φ0.15 mm。试述该零件的合格条件，判断该零件合格与否，并绘制出动态几何公差图。

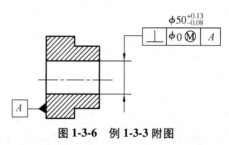

图 1-3-6　例 1-3-3 附图

解题方略：从图 1-3-6 可以看出，该零件内孔标注了尺寸公差和内孔轴线对端面 A 的垂直度公差，垂直度公差采用了最大实体要求的零几何公差，应按表 1-3-1 中最大实体要求列出的孔合格性条件计算。

解：（1）零件合格条件：

$$D_{fe} \geqslant D_{MV} = D_M = D_{min} \text{ 且 } D_{min} \leqslant D_a \leqslant D_{max}$$

（2）判断零件的合格性：

$$D_{fe} = D_a - f = 49.97 - 0.15 = 49.82 \text{ mm}$$

$$D_{MV} = D_M = D_{min} = 50 + (-0.08) = 49.92 \text{ mm}$$

$$D_{max} = 50 + (+0.13) = 50.13 \text{ mm}$$

$$D_{fe} = 49.82 \text{ mm} < D_{MV} = D_M = 49.92 \text{ mm}$$

该零件不合格。

（3）画动态公差图：

此标注表示在最大实体状态（$\phi 49.92$ mm）下给定垂直度公差 $t_\perp = 0$ mm，尺寸公差为 $T_h = 0.21$ mm，最大、最小实体尺寸分别为 $D_M = D_{min} = 49.92$ mm，$D_L = D_{max} = 50.13$ mm。当孔的实际尺寸等于最大实体尺寸 $\phi 49.92$ mm 时，垂直度公差值为 0 mm，即不允许有垂直度误差；当孔的实际尺寸偏离最大实体尺寸 $\phi 49.92$ mm，且在尺寸公差范围内时，垂直度公差可获得补偿，最大补偿值为 $0.13 - (-0.08) = 0.21$ mm。这也可以理解为当实际尺寸处于 $\phi 49.92 \sim \phi 50.13$ mm 时，孔的实际尺寸偏离最大实体尺寸的偏离量即为垂直度公差的补偿值；当孔的实际尺寸等于最小实体尺寸 $\phi 50.13$ mm 时，垂直度公差补偿值为 0.21 mm，此时垂直度公差允许具有最大值，等于给定垂直度公差值零加补偿值 0.21，即 $t_{\perp max} = 0 + 0.21 = 0.21$ mm。

动态公差图见图 1-3-7。

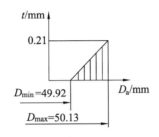

图 1-3-7　例 1-3-3 的动态公差图

【例 1-3-4】　试根据图 1-3-8 所示图样的标注，分别填写表 1-3-2 中各项内容。

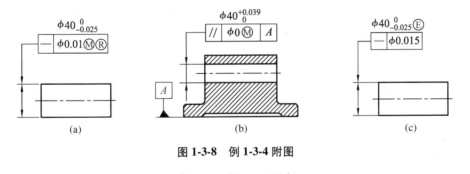

图 1-3-8　例 1-3-4 附图

表 1-3-2　例 1-3-4 附表　　　　　　　　　　　mm

图样序号	最大实体尺寸	最小实体尺寸	采用的公差原则的名称	边界名称和边界尺寸	MMC 时的几何公差值	LMC 时的几何公差值	实际尺寸合格范围
（a）							
（b）							
（c）							

解题方略：根据表 1-3-1 中关于包容要求和最大实体要求的公差解析，解决此问题。

解：（1）图 1-3-8a：轴的最大实体尺寸为轴的上极限尺寸 $\phi 40$ mm（此时占有的材料最多），轴的最小实体尺寸为轴的下极限尺寸 $\phi 39.975$ mm（此时占有的材料最少）；由公差数值后的特定符号 ⓂⓇ 可知，采用的公差原则为可逆要求应用于最大实体要求。

根据表 1-3-1 中关于最大实体要求的解析，遵守的边界为最大实体实效边界 MMVB，边界尺寸=最大实体实效尺寸 $d_{MV}=d_M+t\textcircled{M}=40+0.01=40.01$ mm。

在最大实体状态 MMC 时，实际尺寸等于最大实体尺寸 $\phi 40$ mm，实际尺寸 d_a 与最大实体尺寸 d_M 的差为零（即偏离量为零），此时 $t_-=\mid d_a-d_M\mid+t\textcircled{M}=0+0.01=0.01$ mm。

在最小实体状态 LMC 时，实际尺寸等于最小实体尺寸 $\phi 39.975$ mm，实际尺寸 $\phi 39.975$ mm 与最大实体尺寸 $\phi 40$ mm 差的绝对值为公差值 $T=0.025$ mm（即偏离量最大），此时直线度几何公差值在图样给定的公差值 $\phi 0.01$ mm 基础上获得的最大补偿量为 0.025 mm，即 $t_-=\mid d_a-d_M\mid+t\textcircled{M}=0.025+0.01=0.035$ mm。

由于遵守了可逆要求，允许几何公差补偿尺寸公差，即实际尺寸的合格范围可以扩大，但最大不超过最大实体实效尺寸 $\phi 40.01$ mm，即合格范围为 $\phi 39.975\sim\phi 40.01$ mm。

（2）图 1-3-8b：孔的最大实体尺寸为孔的下极限尺寸 $\phi 40$ mm（此时占有的材料最多），孔的最小实体尺寸为孔的上极限尺寸 $\phi 40.039$ mm（此时占有的材料最少）；由公差数值后的特定符号 $\textcircled{M}$ 可知，采用的公差原则为最大实体要求。根据表 1-3-1 中关于最大实体要求的解析可知，遵守的边界是最大实体实效边界 MMVB，边界尺寸=最大实体实效尺寸 $D_{MV}=D_M-t\textcircled{M}$，由于此标注中几何公差值为零，最大实体实效尺寸 D_{MV} 即为最大实体尺寸 D_M，所以此标注遵守的边界实质为最大实体边界 MMB，边界尺寸等于最大实体尺寸 $\phi 40$ mm。

在最大实体状态 MMC 时，平行度公差 $t_\parallel$ 数值的分析过程同图 1-3-8a，即 $t_\parallel=\mid D_a-D_M\mid+t\textcircled{M}=0+0=0$ mm。在最小实体状态 LMC 时，平行度公差 $t_\parallel$ 数值的分析过程也同图 1-3-8a，即 $t_\parallel=\mid D_a-D_M\mid+t\textcircled{M}=\phi 0.039+\phi 0=\phi 0.039$ mm。

实际尺寸的合格范围为上、下极限尺寸之间，即 $\phi 40\sim\phi 40.039$ mm。

（3）图 1-3-8c：轴的最大实体尺寸为轴的上极限尺寸 $\phi 40$ mm（此时占有的材料最多），轴的最小实体尺寸为轴的下极限尺寸 $\phi 39.975$ mm（此时占有的材料最少）；由公差数值后的特定符号 $\textcircled{E}$ 可知，采用的公差原则为包容要求。根据表 1-3-1 中关于包容要求的解析可知，遵守的边界为最大实体边界 MMB，边界尺寸=最大实体尺寸 $d_M=d_{max}=40$ mm。

在最大实体状态 MMC 时，实际尺寸等于最大实体尺寸 $\phi 40$ mm，实际尺寸与最大实体尺寸的差为零（即偏离量为零），此时 $t_-=\mid d_a-d_M\mid=0$ mm。

在最小实体状态 LMC 时，实际尺寸等于最小实体尺寸 $\phi 39.975$ mm，实际尺寸 $\phi 39.975$ mm 与最大实体尺寸 $\phi 40$ mm 差的绝对值为公差值 $T=0.025$ mm（即偏离量最大），即 $t_-=\mid d_a-d_M\mid=0.025$ mm。但图样中按独立原则又标注了直线度公差 $\phi 0.015$ mm，说明轴处于任何状态下，直线度公差值均不能超过 $\phi 0.015$ mm，因此当轴处于最小实体状态时，几何公差值最大为 $\phi 0.015$ mm，而达不到 $\phi 0.025$ mm。

综上所述，计算结果见表 1-3-3。

表 1-3-3　计算结果表 　　　　　　　　　　　　　　　　　　　　mm

图样序号	最大实体尺寸	最小实体尺寸	采用的公差原则的名称	边界名称和边界尺寸	MMC 时的几何公差值	LMC 时的几何公差值	实际尺寸合格范围
（a）	$\phi40$	$\phi39.975$	可逆要求应用于最大实体要求	MMVB $\phi40.01$	$\phi0.01$	$\phi0.035$	$\phi39.975\sim$ $\phi40.010$
（b）	$\phi40$	$\phi40.039$	零几何公差的最大实体要求	MMB $\phi40$	$\phi0$	$\phi0.039$	$\phi40.000\sim$ $\phi40.039$
（c）	$\phi40$	$\phi39.975$	包容要求	MMB $\phi40$	$\phi0$	$\phi0.015$	$\phi39.975\sim$ $\phi40.000$

慕课第三章自测题解析

一、判断题

1. 形状公差不涉及基准，其公差带的位置是浮动的，与基准要素无关。（ ✓ ）

解析：形状公差是限制被测要素本身形状误差的，与基准无关，且形状公差带位置随被测要素位置的变动而变动。

2. 若某平面的平面度误差值为 0.06 mm，则该平面对基准的平行度误差一定小于 0.06 mm。（ ✗ ）

解析：若某平面的平面度误差值为 0.06 mm，则该平面对基准的平行度误差一定大于等于 0.06 mm。同一要素的方向误差一定大于等于形状误差。

3. 零件图样上规定同轴度公差为 $\phi0.02$ mm，这表明只要被测轴线上各点离基准轴线的距离不超过 0.02 mm，就能满足同轴度要求。（ ✗ ）

解析：同轴度公差为位置公差，公差带位置确定，要求被测轴线上各点离基准轴线的距离不超过 $t/2$。同轴度误差等于被测轴线上各点相对于基准轴线的最大偏移量的 2 倍。

4. 径向圆跳动公差带与圆度公差带的形状相同，因此任何情况都可以用测量径向圆跳动误差代替测量圆度误差。（ ✗ ）

解析：径向圆跳动误差是圆度误差和同轴度误差的综合结果，在同轴度误差较小的情况下，可以用测量径向圆跳动误差代替测量圆度误差。

5. 最大实体实效边界是包容要求的理想边界。（ ✗ ）

解析：最大实体实效边界是最大实体要求的理想边界。

6. 被测要素遵守最大实体要求，当被测要素达到最大实体状态时，若存在几何误差，则被测要素不合格。（ ✗ ）

解析：被测要素遵守最大实体要求，当被测要素达到最大实体状态时，若几何误差不大于所标注的几何公差，则被测要素合格（最大实体要求的合格条件）。

7. 图样上未注出几何公差的要素，即表示对几何误差无控制要求。（×）

解析： 图样上未注出几何公差的要素，一般由未注几何公差控制其几何误差。

8. 标注圆锥面的圆度公差时，指引线箭头应指向圆锥轮廓面的法线方向。（×）

解析： 标注圆锥面的圆度公差时，指引线箭头方向应垂直于圆锥中心线。

二、单项选择题

1. 形状误差的评定应当符合（C）。
    A. 公差原则　　B. 包容要求　　　　C. 最小条件　　　　D. 相关要求

解析： 形状误差是指实际单一要素对其理想要素的变动量，最小条件是确定理想要素位置的原则。（被测要素的形状误差与方位无关，而在不同的方位上评定形状误差时，所测得的误差值大小是不同的。应尽量选择所测得误差值最小的那个方位作为评定的方位，也就是评定的方位要符合最小条件。）

2. 在三基面体系中，对于板类零件，（A）应该选择零件上面积大、定位稳的表面。
    A. 第一基准　　B. 第二基准　　　　C. 第三基准　　　　D. 辅助基准

解析： 采用三基面体系，应根据功能要求来选择基准数量和基准顺序。一般来说，基准面的面积越大，定位越稳定。

3. 方向公差带可以综合控制被测要素的（B）。
    A. 形状误差和位置误差　　　　　B. 形状误差和方向误差
    C. 方向误差和位置误差　　　　　D. 方向误差和尺寸偏差

解析： 方向公差带具有综合控制职能，控制同一被测要素的方向误差和形状误差。

4. 跳动公差带（B）。
    A. 只控制被测要素的方向误差
    B. 能综合控制被测要素的形状、方向和位置误差
    C. 能综合控制被测要素的方向误差和形状误差
    D. 不控制形状误差，但可以控制位置误差

解析： 跳动公差是按特定测量方法定义的位置公差，所以具有位置误差的综合控制职能。

5. 光滑极限量规的通规用来控制工件的（D）。
    A. 局部实际尺寸　　　　　　　　B. 上极限尺寸
    C. 下极限尺寸　　　　　　　　　D. 体外作用尺寸

解析： 光滑极限量规的通规用来模拟最大实体边界，控制工件的体外作用尺寸不超出最大实体尺寸；而止规则用来控制局部实际尺寸不超出最小实体尺寸。

6. 为了保证内、外矩形花键小径定心表面的配合性质，小径表面的形状公差与尺寸公差的关系采用（C）。

A. 最大实体要求　　　　　　B. 最小实体要求

C. 包容要求　　　　　　　　D. 独立原则

解析：包容要求主要用于保证孔、轴的配合性质；最大实体要求一般用于保证可装配性；最小实体要求一般用于保证最小壁厚。

7. 轴的直径为 $\phi 30_{-0.03}^{0}$ mm，其轴线的直线度公差在图样上的给定值为 $\phi 0.01$ mm，按最大实体要求相关，则直线度公差的最大允许值为（D）。

A. $\phi 0.01$ mm　B. $\phi 0.02$ mm　　C. $\phi 0.03$ mm　　D. $\phi 0.04$ mm

解析：按照最大实体要求，其尺寸公差补偿给几何公差，最大补偿量为尺寸公差，所以直线度公差的最大允许值为 $\phi 0.01 + \phi 0.03 = \phi 0.04$ mm。

8. 用功能量规检测几何误差的方法适用于（C）。

A. 遵守独立原则时　　　　　B. 遵守包容要求时

C. 遵守最大实体要求时　　　D. 图纸上标注跳动公差时

解析：独立原则采用的是普通计量器具；包容要求采用的是光滑极限量规，模拟体现最大实体边界；最大实体要求采用的是功能量规，模拟体现最大实体实效边界。

三、多项选择题

1. 圆柱度公差可以同时控制（AB）误差。

A. 圆度　　　　B. 素线直线度　　　C. 径向全跳动　　　D. 同轴度

解析：圆柱度误差是圆度误差和素线直线度误差的综合结果。

2. 在标注几何公差后的图 1-3-9 中，底面 a 是（ABC）。

A. 被测要素　　B. 基准要素　　　C. 单一要素　　　D. 关联要素

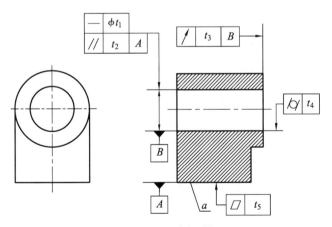

图 1-3-9　示例图样

解析：从结构特征看，底面 a 是被测要素；从是否为其他要素参考的对象看，底面 a 是内孔轴线平行度的参考对象，所以底面 a 是基准要素；从检测关系看，底面 a 只给出形状公差要求，是单一要素。

3. 属于形状公差项目的有（BD）。

    A. 平行度   B. 平面度   C. 端面全跳动   D. 圆度

解析： 见教材第 47 页表 3-1 "几何公差的分类、特征项目及符号"。

4. 几何公差带形状是距离为公差值 t 的两平行平面内区域的有（ABC）。

    A. 平面度   B. 面对线的垂直度

    C. 给定方向上的线的倾斜度   D. 任意方向的线的位置度

解析： 任意方向的线的位置度公差带为直径为公差值 t 的圆柱面内的区域。

D. 思考练习题及解析

1. 几何公差带常用的形状有哪些？

    思路点拨： 考查几何公差带的特征之一——形状，参考慕课第 27 节 "几何公差带特征"。

2. 基准有哪几种？加工和检测中能否使用实际零件上的基准要素来确定实际关联要素的方位？若不能，采用何种措施？

    思路点拨： 考查基准的种类及如何体现基准，参考慕课第 28 节 "基准"。

3. 比较下列每两种几何公差带的异同。

① 圆度公差带与径向圆跳动公差带；

② 轴线直线度公差带与轴线对基准平面的垂直度公差带（任意方向）；

③ 平面度公差带与被测平面对基准平面的平行度公差带。

    思路点拨： 从几何公差带的形状、方向、位置三个方面分析两种几何公差带的异同，参考慕课第 27 节 "几何公差带特征"。

4. 直线度公差带有哪几种不同的形状？

    思路点拨： 从直线度标注样式的角度分析其公差带的形状，参考慕课第 29 节 "形状公差带"。

5. 什么是体外作用尺寸？孔、轴的体外作用尺寸如何计算？

    思路点拨： 考查体外作用尺寸的概念，参考慕课第 34 节 "有关公差原则的基本术语及定义"。

6. 什么是最大实体状态、最大实体尺寸、最小实体状态、最小实体尺寸？

    思路点拨： 考查公差原则中基本术语的定义，参考慕课第 34 节 "有关公差原则的基本术语及定义"。

7. 试将下列技术要求标注在图 1-3-10 上。

① 两个 ϕd 孔的轴线分别对它们的公共轴线的同轴度公差为 0.02 mm；

② ϕD 孔的轴线对两个 ϕd 孔公共轴线的垂直度公差为 0.01 mm；

③ ϕD 孔的轴线对两个 ϕd 孔公共轴线的对称度公差为 0.03 mm。

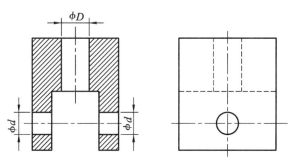

图 1-3-10　思考练习题附图

思路点拨：参照慕课第 26 节"几何公差的标注方法"进行解答。

8. 改正图 1-3-11 中几何公差标注的错误（不允许更改几何公差项目）。

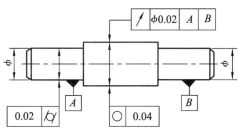

图 1-3-11　思考练习题附图

思路点拨：参照本书例 1-3-2 中的解题方略进行解答。

◇ **参考答案**

　　问题 1 答：几何公差带常用的形状有：两平行直线、两平行平面、两同心圆、两同轴圆柱面、两等距曲线、两等距曲面之间和圆、球、圆柱面内的区域。

　　问题 2 答：基准按几何特征分为点基准、线基准和面基准；按功能分为单一基准、组合基准和三基面体系。

　　实际零件上的基准要素不可避免地存在加工误差，多个基准要素之间还会存在方向误差，所以在加工和检测中，不能直接用实际零件上的基准要素来确定实际关联要素的方位。基准通常用形状精度足够高的表面模拟体现。例如，基准平面可用平台、平板的工作面来模拟体现，孔的基准轴线可用与孔成无间隙配合的心轴或可膨胀式心轴的轴线来模拟体现，轴的基准轴线可用 V 形块来体现。

　　问题 3 答：① 二者公差带形状均为两同心圆之间的区域。不同之处是圆度公差带的方位是浮动的，由最小条件决定；径向圆跳动公差带的方位是固定的，由基准决定。

　　② 二者公差带形状均为圆柱。轴线直线度公差带的方位是浮动的；轴线垂直度公差带的方向与基准垂直，位置浮动。

　　③ 二者公差带形状均为两平行平面之间的区域。平面度公差带的方位是浮动的；平行度公差带的方向与基准平行，位置浮动。

　　问题 4 答：直线度公差带有两平行直线、两平行平面和圆柱三种形状。

问题 5 答： 外表面（轴）的体外作用尺寸 d_{fe} 是指在被测外表面（轴）的给定长度上，与实际被测外表面体外相接的最小理想面（最小理想孔）的直径（或宽度）；内表面（孔）的体外作用尺寸 D_{fe} 是指在被测内表面（孔）的给定长度上，与实际被测内表面体外相接的最大理想面（最大理想轴）的直径（或宽度）。

轴的体外作用尺寸 $d_{fe} = d_a + f_{几何}$。

孔的体外作用尺寸 $D_{fe} = D_a - f_{几何}$。

问题 6 答： 在尺寸公差范围内，零件的实际要素具有的材料量最多的状态叫最大实体状态，在此状态下的局部尺寸为最大实体尺寸；在尺寸公差范围内，零件的实际要素具有的材料量最少的状态叫最小实体状态，在此状态下的局部尺寸为最小实体尺寸。

孔的最大实体尺寸 $D_M = D_{min}$；孔的最小实体尺寸 $D_L = D_{max}$。

轴的最大实体尺寸 $d_M = d_{max}$；轴的最小实体尺寸 $d_L = d_{min}$。

问题 7 答： 标注见图 1-3-12。

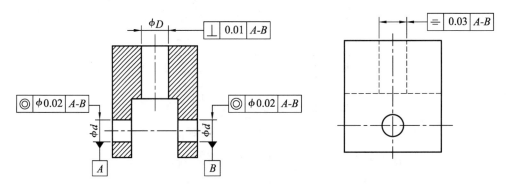

图 1-3-12　思考练习题图标注示例

问题 8 答： 正确标注见图 1-3-13。

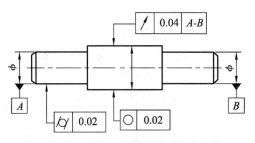

图 1-3-13　思考练习题图标注改正示例

 知识延拓——几何误差的概念

几何误差是指实际被测要素对理想要素的变动量。为了定量地确定几何误差值的大小，需建立最小包容区域的概念。最小包容区域有三种：确定形状误差值的形状最小包容区域（图 1-3-14a）、确定方向误差值的方向最小包容区域（图 1-3-14b）和确定位置误差值的位置最小包容区域（图 1-3-14c）。它们的共同点是：形状与公差带相同，包容实际被测要素，具有最小宽度或直径。不同点是：形状最小包容区域对其他要素无方位

要求，方向最小包容区域对基准保持正确的方向，位置最小包容区域对基准保持正确的
位置。最小包容区域与几何公差带一样，也具有形状、大小、方向和位置的特征。

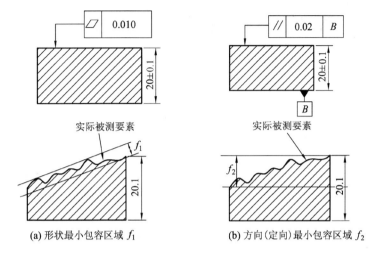

(a) 形状最小包容区域 f_1 (b) 方向（定向）最小包容区域 f_2

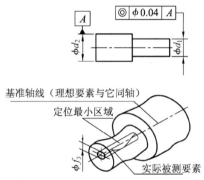

(c) 位置（同轴度）最小包容区域

图 1-3-14 几何误差的最小包容区域

应该注意三种最小包容区域与相应几何公差带之间的区别。最小包容区域必须包容
实际被测要素，且具有最小宽度或直径，大小取决于实际被测要素。最小包容区域是在
实际完工零件上定义的，不同零件的实际被测要素一般有不同宽度或直径的最小包容区
域，它是用来评定实际要素的形状、方向或位置精度的。而几何公差带的大小则取决于
几何公差值，是由设计给定的，它体现了对被测要素的形状、方向或位置精度的要求。
只有不超出几何公差带的实际被测要素才是合格的，否则就不合格。

从上述内容可知，几何误差的控制需要给定几何公差，几何公差属于几何精度的范
畴。谈及精度，很容易让我们想到"工匠精神"。我国自古就有尊崇和弘扬"工匠精
神"的优良传统，《诗经》中的"如切如磋，如琢如磨"，反映的就是古代工匠精益求
精的精神。对于机械类专业的青年学生来说，今后在产品的设计制造中，要将产品质量
提高到极致，这就是在努力践行"工匠精神"。然而，从产品的精度设计角度来看，精
度并不是越高就越好，实现使用性能、工艺性能和经济性能这三者的协调统一，同样是
一种"工匠精神"的体现。

4 表面粗糙度轮廓及其检测学习指导

知识目标

① 掌握表面粗糙度轮廓的概念。
② 理解表面粗糙度轮廓的评定参数的定义。
③ 掌握机械零件表面粗糙度轮廓参数选择的基本原则与方法。
④ 掌握表面粗糙度轮廓的评定参数在图样上标注的原则和规范。
⑤ 熟悉机械零件表面粗糙度轮廓检测的基本原理、仪器和方法。

能力目标

① 具有合理选择机械零件表面粗糙度轮廓参数的能力。
② 具有正确理解、分析机械图纸中表面粗糙度轮廓，并能够在机械图纸中正确标注相关参数的能力。
③ 具有对典型零件表面粗糙度轮廓进行测量的能力。

扫码链接　慕课知识

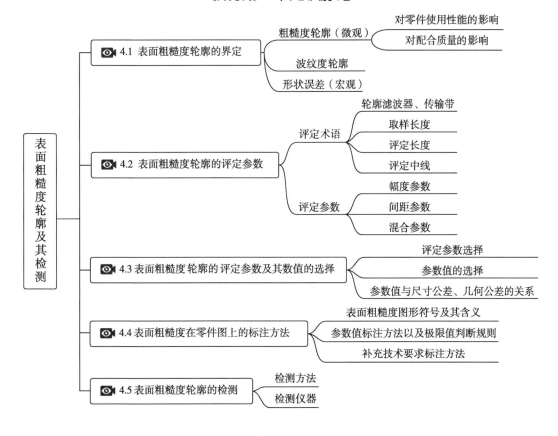

教材第 4 章知识脉络

表面粗糙度轮廓及其检测

- 🔘 4.1 表面粗糙度轮廓的界定
  - 粗糙度轮廓（微观）
    - 对零件使用性能的影响
    - 对配合质量的影响
  - 波纹度轮廓
  - 形状误差（宏观）
- 🔘 4.2 表面粗糙度轮廓的评定参数
  - 评定术语
    - 轮廓滤波器、传输带
    - 取样长度
    - 评定长度
    - 评定中线
  - 评定参数
    - 幅度参数
    - 间距参数
    - 混合参数
- 🔘 4.3 表面粗糙度轮廓的评定参数及其数值的选择
  - 评定参数选择
  - 参数值的选择
  - 参数值与尺寸公差、几何公差的关系
- 🔘 4.4 表面粗糙度在零件图上的标注方法
  - 表面粗糙度图形符号及其含义
  - 参数值标注方法以及极限值判断规则
  - 补充技术要求标注方法
- 🔘 4.5 表面粗糙度轮廓的检测
  - 检测方法
  - 检测仪器

A. 慕课重点知识点睛

1. 表面粗糙度轮廓　零件实际加工表面总会存在着较小间距、高低起伏的微小峰谷，通常这种微观不平度用表面粗糙度轮廓表示。

① 波距小于 1 mm，属于微观几何形状误差——表面粗糙度轮廓。

② 波距在 10 mm 以上且不呈明显周期性变化——宏观的几何形状轮廓。

③ 波距介于 1 至 10 mm 并呈周期性变化——表面波纹度轮廓。

2. 取样长度 lr　在实际表面轮廓上截取一段足够的长度来测量表面粗糙度轮廓，这段长度称为取样长度。

①"要足够小"，排除宏观形状误差和表面波纹度的影响，数值上与长波滤波器的截止波长值相等。

② 通常包含五个以上的轮廓波峰波谷。

3. 评定长度 ln　连续的几个取样长度称为评定长度。

①"要足够大"，要全面合理反映被测零件整个表面轮廓的粗糙度特性。

② 与表面轮廓的均匀性有关。表面轮廓均匀时 ln 可以小些，表面轮廓不均匀时 ln 可以大些。通常取 5 个连续的取样长度为评定长度。

4. 中线　中线是确定表面粗糙度轮廓各评定参数的基准线。

① 确定轮廓评定参数首先要确定中线。
② 通常采用轮廓的最小二乘中线和轮廓的算术平均中线。

5. 轮廓的算术平均偏差 Ra　在一个取样长度 lr 内，被评定轮廓上各点至中线的纵坐标值 $Z(x)$ 的绝对值的算术平均值。

① Ra 是幅度参数。
② Ra 是最常用的评定参数。

6. 轮廓的最大高度 Rz　在一个取样长度 lr 内，被评定轮廓的最大轮廓峰高 Rp 与最大轮廓谷深 Rv 之和。

① Rz 是幅度参数。
② 对于极光滑或粗糙的表面，不能用 Ra 仪器测量，而采用 Rz 作为评定参数。

B. 慕课学习难点剖析

1. 表面粗糙度轮廓的界定

表面轮廓的评估对象是一条轮廓曲线，这条曲线是实际零件的表面与垂直于该表面的平面相交所得到的轮廓。一般来说，加工后的表面包含着表面粗糙度轮廓、波纹度轮廓、宏观形状轮廓，如图 1-4-1 所示。表面粗糙度轮廓属于微观几何形貌。评价表面轮廓粗糙度时可以通过轮廓滤波器过滤掉其他几何误差的影响。

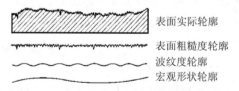

表面实际轮廓
表面粗糙度轮廓
波纹度轮廓
宏观形状轮廓

图 1-4-1　零件实际表面轮廓的形状和组成成分

2. 表面粗糙度轮廓对零件使用性能的影响

① 对耐磨性的影响：表面粗糙度轮廓要求越低，说明零件表面越粗糙，零件的耐磨性越差。
② 对配合性质的影响：表面粗糙度轮廓影响配合性质的稳定性。
③ 对疲劳强度的影响：一般情况下，零件疲劳强度随表面粗糙度轮廓要求的降低而降低。
④ 对接触刚度的影响：较高的表面粗糙度轮廓要求可保证良好的接触刚度。

⑤ 对耐腐蚀性的影响：提高零件表面粗糙度轮廓的要求，可以增强抗腐蚀能力。

⑥ 对冲击强度的影响：冲击强度因表面粗糙度轮廓要求的降低而减弱。

C. 慕课典型习题解析

【例1-4-1】 解释图1-4-2所示零件图中的表面粗糙度轮廓代号标注的含义。

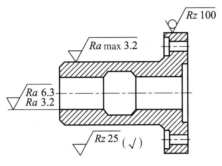

图 1-4-2 例 1-4-1 附图

解题方略：表面粗糙度轮廓代号标注需注意以下几点：一般只标注幅度参数符号及上限值；默认规则是16%规则；表面粗糙度轮廓代号的尖端必须从材料外指向并接触零件表面（或延长线）。

解：$\sqrt{Ra\max 3.2}$ 表示用去除材料的方法获得的基座外圆柱面表面粗糙度轮廓参数 Ra 值不大于 3.2 μm。$\sqrt{\begin{array}{l}Ra\,6.3\\Ra\,3.2\end{array}}$ 表示用去除材料的方法获得的机座两端内孔表面粗糙度轮廓参数 Ra 上限值为 6.3 μm，下限值为 3.2 μm。$\sqrt{Rz\,100}$ 表示用不去除材料的方法获得基座大端外圆表面粗糙度轮廓参数 Rz 上限值为 100 μm。$\sqrt{Rz\,25}(\sqrt{})$ 表示用去除材料的方法获得的机座其余表面粗糙度轮廓参数 Rz 上限值为 25 μm。

慕课第四章自测题解析

一、判断题

1. 一般情况下，在 Ra，Rz 参数中优先选用 Ra。（ √ ）

解析：Ra 是轮廓的算术平均偏差值，Rz 是轮廓的最大高度值，一般在不便测量 Ra 的极光滑或粗糙的情况下选用 Rz。

2. 在评定表面粗糙度轮廓的参数值时，取样长度可以任意选定。（ × ）

解析：取样长度应和表面粗糙度轮廓相适应，表面越粗糙，取样长度就应越长。

3. 表面粗糙度轮廓滤波器中 λc 轮廓滤波器的截止波长就等于取样长度。（ √ ）

解析：λc 轮廓滤波器能够从实际表面轮廓上把波长较长的波纹度波长成分抑制住或排除掉，而测量表面粗糙度轮廓时规定取样长度也是为了限制波纹度，排除宏观形状误差对测量的影响，所以 λc 轮廓滤波器截止波长等于取样长度。

4. 光切法测量表面粗糙度轮廓的实验中，用目估法确定的中线是轮廓的最小二乘中线。（×）

解析：用目估法可以大致确定轮廓的算术平均中线的方向。

5. 需要控制表面加工纹理方向时，可在表面粗糙度轮廓符号的左下角加注加工纹理方向符号。（×）

解析：加工纹理方向符号应标注在表面粗糙度轮廓符号的右下角。

6. 同一尺寸公差等级的零件，小尺寸比大尺寸、轴比孔的表面粗糙度轮廓幅度参数值要小。（✓）

解析：在确定表面粗糙度轮廓参数极限值时，应注意与尺寸公差协调。一般来说，对于同一标准公差等级不同尺寸的孔和轴，小尺寸的表面粗糙度轮廓参数值比大尺寸的小一些。

7. 圆柱度公差不同的两孔表面，圆柱度公差小的表面粗糙度轮廓幅度参数值小。（✓）

解析：在确定表面粗糙度轮廓参数极限值时，应注意与几何公差协调。一般来说，对于同一被测对象，几何公差值越小，表面粗糙度轮廓参数值也越小。

8. 表面粗糙度轮廓标注 $\sqrt{\dfrac{\text{URa max3.2}}{\text{URa 0.8}}}$ 中，上限值和下限值采用的极限值判断规则是不同的。（✓）

解析：上极限值采用的规则是最大规则，下极限值采用的规则是16%规则。

二、单项选择题

1. 表面粗糙度轮廓的微小峰谷间距 λ 应为（A）。
    A. <1 mm   B. 1 至 10 mm   C. >10 mm   D. >20 mm

解析：表面的实际轮廓包含表面粗糙度轮廓、波纹度轮廓和宏观形状轮廓，通常按表面轮廓上相邻峰谷间距 λ 的大小来划分，间距小于 1 mm 的属于表面粗糙度轮廓，间距介于 1 至 10 mm 的属于波纹度轮廓，间距大于 10 mm 的属于宏观形状轮廓。

2. 取样长度是指用于评定实际表面轮廓的不规则特征的一段（C）长度。
    A. 评定   B. 中线   C. 测量   D. 基准线

解析：测量表面粗糙度轮廓时，应把测量限制在一段足够短的长度上，它能反映表面粗糙度轮廓特征，并限制或减弱波纹度的影响。而评定长度需充分合理地反映表面特征，故需在几个连续的取样长度上测量，取测量的平均值或最大值作为该表面粗糙度轮廓的评定值。

3. 表面粗糙度轮廓的标准评定长度 ln =（C）lr。

  A. 3   B. 4   C. 5   D. 6

解析： 评定长度可以包含一个或连续几个取样长度，标准评定长度为连续的 5 个取样长度。

4. 当用铣削方法获得零件表面时，标注表面粗糙度应采用符号（A）表示。

  A.   B.   C.   D.

解析： 符号 A 为表面是用去除材料的方法获得的表面粗糙度轮廓标注符号，符号 B 为表面是用不去除材料的方法获得的表面粗糙度轮廓标注符号，符号 C 为表面粗糙度轮廓的基本符号，符号 D 为表面允许用任何工艺获得的表面粗糙度轮廓标注符号。铣削属于去除材料的方法，故应该选择 A。

5. 表面粗糙度轮廓的评定参数 Rsm 表示（C）。

  A. 轮廓的算术平均偏差   B. 轮廓的最大高度

  C. 轮廓单元的平均宽度   D. 轮廓的支承长度率

解析： 见教材第 98 页"（3）间距参数"。

6. 表面粗糙度轮廓的代号 表示（B）。

  A. 用任何方法获得的表面粗糙度轮廓 Ra 的上限值为 3.2 mm

  B. 用不去除材料方法获得的表面粗糙度轮廓 Ra 的上限值为 3.2 μm

  C. 用去除材料方法获得的表面粗糙度轮廓 Ra 的上限值为 3.2 mm

  D. 用去除材料方法获得的表面粗糙度轮廓 Ra 的上限值为 3.2 μm

解析： 是用不去除材料的方法获得的表面粗糙度轮廓的符号，3.2 是幅度参数 Ra 的上限值，单位为 μm。

7. 在磨床上加工零件，要求该零件某表面的表面粗糙度轮廓的最大高度的上限值为 3.2 μm，则图样应标注的代号是（D）。

  A.   B.   C.   D.

解析： 磨削加工属于去除材料的加工方法，用符号 表示，而表面粗糙度轮廓的最大高度的参数符号为 Rz。

8. 在下列描述中，表面粗糙度轮廓对零件性能的影响不包括（B）。

  A. 配合性   B. 韧性   C. 抗腐蚀性   D. 耐磨性

解析： 表面粗糙度轮廓对零件工作性能的影响包括耐磨性、配合性质稳定性、耐疲劳性和抗腐蚀性，不包括韧性。

三、多项选择题

1. 选择表面粗糙度轮廓幅度参数时，下列说法中正确的是（BD）。

　　A. 同一零件的工作表面应比非工作表面的参数值大

　　B. 摩擦表面应比非摩擦表面的参数值小

　　C. 配合质量要求高的表面，参数值应大

　　D. 受交变载荷的表面，参数值应小

解析：用类比法选择表面粗糙度轮廓幅度参数时，同一零件的工作表面应比非工作表面参数值小；配合质量要求高的表面，参数值应小。

2. 关于表面粗糙度轮廓与零件使用性能的关系，下列说法中错误的是（BD）。

　　A. 零件的表面质量影响间隙配合的稳定性或过盈配合的连接强度

　　B. 零件的表面越粗糙，零件表面的抗腐蚀性能越好

　　C. 提高零件沟槽和台阶圆角处的表面质量，可提高零件的抗疲劳强度

　　D. 表面粗糙度轮廓幅度参数值大，可提高零件的密封性能

解析：表面粗糙度轮廓影响零件使用性能，零件的表面越粗糙，零件表面的抗腐蚀性能越差；表面粗糙度轮廓幅度参数值小，可提高零件的密封性能。

3. 图 1-4-3 中的表面粗糙度轮廓标注符号中，正确的是（ABCD）。

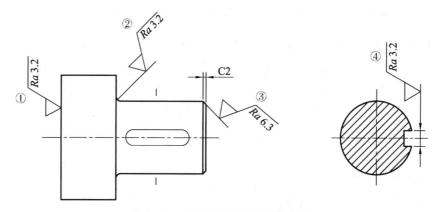

图 1-4-3　表面粗糙度轮廓标注图样

　　A. ①　　　　　　B. ②　　　　　　C. ③　　　　　　D. ④

解析：表面粗糙度轮廓代号可以直接标注在可见轮廓线或其延长线、尺寸线上，但要注意粗糙度代号的尖端必须从材料外指向并接触零件表面，并且代号上各种符号及数字的注写和读取方向应与尺寸的注写和读取方向一致。

4. 在下列表面粗糙度轮廓测量方法中，属于非接触测量的有（BCD）。

　　A. 针描法　　　B. 光切法　　　　C. 干涉法　　　　D. 聚焦探测法

解析：针描法用触针式轮廓仪测量，属于接触测量，其他都是光学测量法，属于非接触测量。

1. 实际表面轮廓上包含哪几种几何形状误差？

思路点拨：考查表面粗糙度轮廓的界定，参考慕课第 44 节 "表面粗糙度轮廓及其检测概述"。

2. 为什么要规定取样长度和评定长度？两者之间的关系如何？

思路点拨：考查粗糙度轮廓参数的评定，参考慕课第 45 节 "表面粗糙度轮廓的评定参数"。

3. 表面粗糙度轮廓参数的选用原则？

思路点拨：考查表面粗糙度轮廓评定参数的选择，参考慕课第 46 节 "表面粗糙度轮廓评定参数及其数值的选择"。

4. 请将下列的表面粗糙度轮廓技术要求标注在图 1-4-4 上：

① 圆锥面 a 的表面粗糙度轮廓参数 Ra 的上限值为 4.0 μm；

② 轮毂端面 b 和 c 的表面粗糙度轮廓参数 Ra 的最大值为 3.2 μm；

③ $\phi30$ 孔最后一道工序为拉削加工，表面粗糙度轮廓参数 Rz 的最大值为 10.0 μm，并标注加工纹理方向；

④ 8±0.018 mm 键槽两侧面的表面粗糙度轮廓参数 Ra 的上限值为 2.5 μm；

⑤ 其余表面的表面粗糙度轮廓参数 Rz 的上限值为 40 μm。

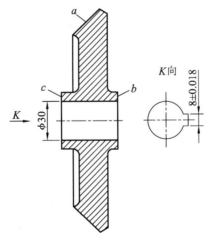

图 1-4-4　思考练习题附图

思路点拨：考查表面粗糙度轮廓代号在零件图上的标注，参考教材第 4.4 节 。

5. 电动轮廓仪、双管显微镜（光切显微镜）和干涉显微镜各适合测量哪些参数？

思路点拨：考查表面粗糙度轮廓的测量，参考教材第 4.5 节。

◇ **参考答案**

问题 1 答： 包含微观、宏观几何形状误差，具体有表面粗糙度轮廓、波纹度轮廓和宏观形状轮廓。

问题 2 答： 在实际轮廓线上测量表面粗糙度轮廓时，属于表面粗糙度轮廓特征的峰谷不可能相同，有的相差较大。如果只在一个峰谷范围内测量，其结果不准确；如果沿基准线测量，范围长度超过一定数值，又会受到波纹度影响。为了能在测量范围内保持表面粗糙度轮廓特征，抑制或减弱表面波纹度并排除宏观形状误差对表面粗糙度轮廓测量结果的影响，有必要规定取样长度 lr。

由于零件各部分的表面粗糙度轮廓不一定均匀，单一取样长度上的测量和评定不足以反映整个零件表面的全貌。因此，需要在表面上确定几个取样长度，测量后取其平均值作为测量结果。一般情况下标准评定长度 $ln=5lr$。若被测表面轮廓均匀性较好，可选用小于 $5lr$ 的评定长度；反之，可选用大于 $5lr$ 的评定长度。

问题 3 答： 表面粗糙度轮廓评定参数的选用首先要满足功能要求，其次要考虑经济性及工艺性。在满足功能要求的前提下，参数的允许值应尽可能大一些。

根据类比法初步确定参数值后，再对比工作条件作适当调整，调整时应遵循下述原则：

① 同一零件上，工作表面的粗糙度轮廓要求高于非工作表面的粗糙度轮廓要求。

② 摩擦表面比非摩擦表面、滚动摩擦表面比滑动摩擦表面的粗糙度轮廓要求高。

③ 运动速度高、单位压力大、受循环负荷的表面，以及容易引起应力集中的部位（如圆角、沟槽等），其表面的粗糙度轮廓要求应较高。

④ 配合性质要求高的接合面、配合间隙小的配合面，以及要求连接可靠、受重载的过盈配合表面等，均应选用较高的表面粗糙度轮廓要求。

⑤ 要求防腐蚀、密封性能好或外表美观的，其表面粗糙度轮廓要求高。

⑥ 配合零件的表面粗糙度轮廓参数值与尺寸公差和几何公差应相互协调。一般应符合：尺寸公差>几何公差>表面粗糙度轮廓参数值。一般情况下，尺寸公差值越小，表面粗糙度轮廓参数值应越小。同一公差等级，小尺寸比大尺寸、轴比孔的表面粗糙度轮廓参数值应小一些。

⑦ 凡有关标准已对表面粗糙度轮廓要求作出了规定的（如与滚动轴承配合的轴颈和轴承座孔的表面等），均应按该标准确定表面粗糙度轮廓参数值。

问题 4 答： 标注见图 1-4-5。

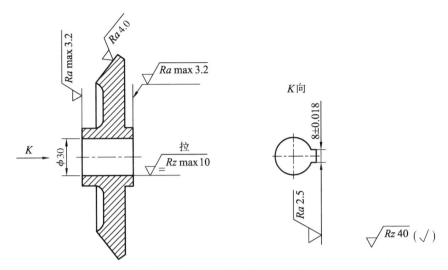

图 1-4-5　思考练习题附图标注示例

问题 5 答： 电动轮廓仪适合测量 Ra，双管显微镜、干涉显微镜适合测量 Rz。

知识延拓——扫描探针显微镜

　　扫描探针显微镜（Scanning Probe Microscope，SPM）是借助探测样品与探针之间存在的各种相互作用所表现出的各种不同特性来实现测量的。依据这些特性，目前已开发出各种各样的扫描探针显微镜。就测量表面形貌而言，扫描隧道显微镜（Scanning Tunneling Microscope，STM）和原子力显微镜（Atomic Force Microscope，AFM，原理见图 1-4-6）最为人们所熟悉和掌握。扫描探针显微测量方法是扫描测量，最终给出的是整个被测区域上的表面形貌。SPM 测量精度高，纵向及横向分辨率达原子量级，但是其测量范围较窄，同时操作较复杂。因此，SPM 适合于测量结构单元在纳米量级、测量区域为微米量级的微结构。近年来，随着纳米技术的飞速发展，对各种纳米器件表面精度的要求越来越高，如对半导体掩膜、磁盘、宇宙空间用光学镜片、环形激光陀螺仪等器件，均已提出表面粗糙度轮廓参数的均方根小于 1 nm 的要求。要实现如此高精度的非

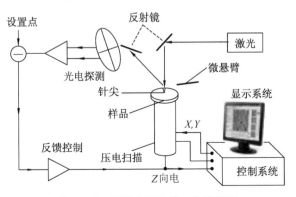

图 1-4-6　原子力显微镜工作原理图

常光滑表面，测量仪器的分辨力首先要达到纳米量级。于是迫切需要找到一种在 X, Y, Z 三个方向的分辨力均能达到纳米量级的表面粗糙度轮廓测量方法。以扫描隧道显微镜与原子力显微镜为代表的扫描探针显微镜技术，由于其超高分辨力，完全能满足这种微小尺寸的测量要求。

5 圆柱齿轮公差与检测学习指导

知识目标

① 掌握渐开线圆柱齿轮相关国家标准的基础知识和相关理论。
② 熟悉渐开线圆柱齿轮精度设计的基本原则与方法。
③ 熟悉渐开线圆柱齿轮精度检测的基本原理、检测仪器和操作方法。

能力目标

① 具备正确理解、分析机械图纸中渐开线圆柱齿轮的精度，查阅及使用相关国家标准，并对齿轮制造工艺过程进行指导的能力。
② 具有根据使用要求合理选择或设计渐开线圆柱齿轮精度的能力。
③ 具有根据齿轮精度合理选择相关几何量的检测工具和检测方法，并能够对齿轮进行检测的能力。

扫码链接　慕课知识

第一部分　互换性与测量技术课程学习指导

教材第5章知识脉络

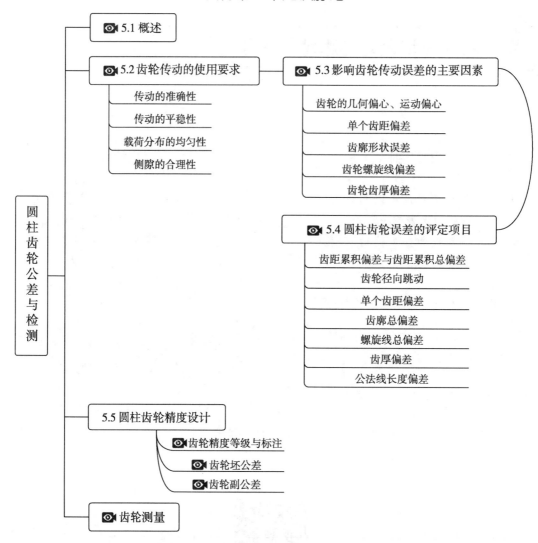

圆柱齿轮公差与检测

- 📹 5.1 概述
- 📹 5.2 齿轮传动的使用要求
  - 传动的准确性
  - 传动的平稳性
  - 载荷分布的均匀性
  - 侧隙的合理性
- 📹 5.3 影响齿轮传动误差的主要因素
  - 齿轮的几何偏心、运动偏心
  - 单个齿距偏差
  - 齿廓形状误差
  - 齿轮螺旋线偏差
  - 齿轮齿厚偏差
- 📹 5.4 圆柱齿轮误差的评定项目
  - 齿距累积偏差与齿距累积总偏差
  - 齿轮径向跳动
  - 单个齿距偏差
  - 齿廓总偏差
  - 螺旋线总偏差
  - 齿厚偏差
  - 公法线长度偏差
- 5.5 圆柱齿轮精度设计
  - 📹 齿轮精度等级与标注
  - 📹 齿轮坯公差
  - 📹 齿轮副公差
- 📹 齿轮测量

A. 慕课重点知识点睛

1. 齿轮传动的准确性 齿轮在一转范围内传动比变化尽量小，即要求最大转角误差不超过一个极限，以协调传递运动，使其工作正常。

① 以齿轮一转为周期。

② 是分度机构、测量仪器中齿轮的主要传动要求。

2. 齿轮传动的平稳性 保证齿轮传动的每个瞬间传动比变化小。

① 以齿轮一齿为周期。

② 齿轮传动平稳可减小振动，降低噪声。

③ 是高速、大功率传动装置中齿轮的主要传动要求。

3. 载荷分布的均匀性　要求齿轮啮合时齿面接触良好，载荷分布均匀。

① 载荷分布的均匀性可以影响齿轮的承载力和使用寿命。

② 是低速重载机械中齿轮的主要传动要求。

4. 侧隙　保证齿轮啮合时，非工作齿面间应留有一定的间隙。

侧隙对储存润滑油，补偿齿轮传动受力后的弹性变形、热膨胀，以及补偿齿轮传动装置制造误差和装配误差等都是必需的。

B. 慕课学习难点剖析

1. 影响齿轮使用的主要因素

影响齿轮使用的主要因素见表 1-5-1。

表 1-5-1　影响齿轮使用的主要因素

齿轮传动的使用要求	影响使用的主要因素
传动的准确性	长周期误差：包括几何偏心和运动偏心分别引起的径向和切向长周期（一转）误差。两种偏心同时存在时，可能叠加，也可能抵消。这类误差用齿轮上的长周期偏差作为评定指标
传动的平稳性	短周期（一齿）误差：包括齿轮加工过程中的刀具误差、机床传动链的短周期误差。这类误差用齿轮上的短周期偏差作为评定指标
载荷分布的均匀性	齿坯轴线歪斜、机床刀架导轨的误差等。这类误差用轮齿同侧齿面轴向偏差来评定
侧隙的合理性	影响侧隙的主要因素是齿轮副的中心距偏差和齿厚偏差

2. 圆柱齿轮误差的评定指标项目

圆柱齿轮误差的评定指标项目见表 1-5-2。

表 1-5-2　圆柱齿轮误差的评定指标项目

齿轮的检测指标	强制性检测指标				非强制性检测指标	
齿轮传动的使用要求	齿轮传动的准确性	齿轮传动的平稳性	齿轮载荷分布均匀性	侧隙的合理性	齿轮传动的准确性	齿轮传动的平稳性
检测的误差指标	ΔF_p	$\pm\Delta f_{pt}$，ΔF_α	ΔF_β	ΔE_{sni}，ΔE_{sns}	$\Delta F_i'$，ΔF_r，$\Delta F_i''$	$\Delta f_i'$，$\Delta f_i''$

注：本书沿用旧国标 GB/T 10095—88 的符号 Δ，以区别偏差与偏差允许值，如齿距累积总偏差代号为 ΔF_p。

C. 慕课典型习题解析

【例1-5-1】 斜齿圆柱齿轮减速器从动齿轮精度设计。

传递功率 5 kW，齿轮轴转速 $n_1 = 327$ r/min，$\beta = 8°6'34''$，油池润滑。$m_n = 3$ mm，$\alpha_n = 20°$，$z_1 = 20$（主动齿轮），$z_2 = 79$（从动齿轮），$b_2 = 60$ mm，从动齿轮基准孔 $\phi58$ mm。

齿轮材料为钢，齿轮线膨胀系数 $\alpha_1 = 11.5×10^{-6}$ ℃$^{-1}$；箱体材料为铸铁，线膨胀系数 $\alpha_2 = 10.5×10^{-6}$ ℃$^{-1}$。减速器工作时，齿轮温度增高 25 ℃，箱体温度增高 10 ℃。

解题方略： 齿轮精度设计首先需确定齿轮精度等级。选择的主要依据是齿轮的用途和工作条件，还应综合考虑齿轮的圆周速度、传递功率、工作持续时间、传递运动准确性的要求、振动和噪声、承载能力、寿命等，然后通过类比法选择。精度等级确定后可查表计算确定各精度指标的公差，最后做出零件图并列出参数表。

解： ① 确定精度等级。

参考齿轮圆周速度 $v = \pi(m_n z_1/\cos\beta)n_1×10^{-3} = 62.23$ m/min $= 1.04$ m/s 和普通圆柱齿轮减速器的有关资料，确定齿轮精度等级为 8—8—7。

② 确定强制性检测精度指标的公差（偏差允许值）。

按 8—8—7 及齿轮有关参数，由表 2-3-27 查得
$$F_p = 70 \text{ μm}, \pm f_{pt} = \pm18 \text{ μm}, F_\alpha = 25 \text{ μm}, F_\beta = 21 \text{ μm}$$

③ 确定公称齿厚及其极限偏差。

由教材第 132 页式（5-2），确定补偿热变形所需的侧隙：
$$j_{bn1} = a(\alpha_1\Delta t_1 - \alpha_2\Delta t_2)×2\sin\alpha_n = 150×(11.5×25-10.5×10)×10^{-6}×2×0.342 = 0.019 \text{ mm}$$
其中，a 为公称中心距，
$$a = \frac{m_n(z_1+z_2)}{\cos\beta} = \frac{3×(20+79)}{\cos 8°6'34''} = 150 \text{ mm}$$

减速器采用油池润滑，由教材第 132 页表 5-12 查得保证正常润滑所需的侧隙
$$j_{bn2} = 0.01m_n = 0.01×3 = 0.03 \text{ mm}$$

因此
$$j_{bn\,min} = j_{bn1} + j_{bn2} = 0.019+0.03 = 0.049 \text{ mm} = 49 \text{ μm}$$

由此求得
$$|E_{sns}| = \frac{j_{bn\,min}}{2\cos\alpha_n} = \frac{49}{2\cos 20°} = 26 \text{ μm}$$

此公式中不计补偿齿轮和箱体的制造误差、安装误差所引起的侧隙减小量 j_{bn}。
$$T_{sn} = \sqrt{F_r^2 + b_r^2}×2\tan\alpha_n = \sqrt{56^2+145^2}×2\tan 20° = 113 \text{ μm}$$
此式计算需查本书第二部分的表 2-3-31、表 2-3-32，得 $F_r = 56$ μm，$b_r = 145$ μm，
$$E_{sni} = E_{sns} - T_{sn} = (-26)-113 = -139 \text{ μm}$$

④ 确定公法线长度及其极限偏差。

端面压力角 $\alpha_t = \arctan(\tan\alpha_n/\cos\beta) = 20.186°$

假想齿数 $z' = z_2 \text{ inv }\alpha_t / \text{ inv }\alpha_n = 81.274$

$$跨齿数 k = z'/9 + 0.5 = 9.53, \quad 取 k = 10$$
$$公法线长度 W_n = m_n \cos \alpha_n [\pi(k-0.5) + z_2 \text{inv} \, \alpha_t] = 87.552 \text{ mm}$$
$$上极限偏差 E_{ws} = E_{sns} \cos \alpha_n - 0.72 F_r \sin \alpha_n = -0.038 \text{ mm}$$
$$下极限偏差 E_{wi} = E_{sni} \cos \alpha_n + 0.72 F_r \sin \alpha_n = -0.117 \text{ mm}$$

综上，齿轮各精度指标公差及参数表、零件图如图 1-5-1 所示。

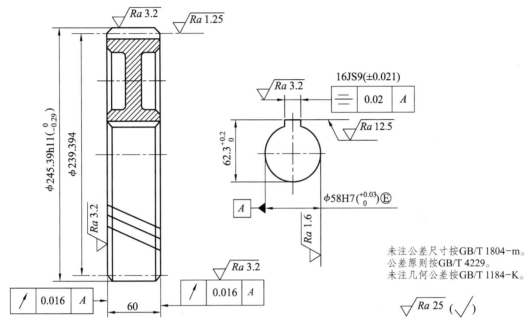

未注公差尺寸按GB/T 1804—m。
公差原则按GB/T 4229。
未注几何公差按GB/T 1184—K。

法向模数		m_n	3
齿数		z_2	79
标准压力角		$\alpha_n = 20°$ GB/T 1356—2001	
变位系数		x_2	0
螺旋角及方向		β	8°6′34″右旋
精度等级		8-8-7 GB/T 10095.1—2008	
齿距累积总偏差允许值		F_p	0.070
单个齿距偏差允许值		$\pm f_{pt}$	± 0.018
齿廓总偏差允许值		F_α	0.025
螺旋线总偏差允许值		F_β	0.021
公法线长度	跨齿数	k	10
	公称值及极限偏差	$W_{n \, +E_{wi}}^{\, +E_{ws}}$	$87.552_{-0.117}^{-0.038}$
配偶齿轮的齿数		z_1	20
中心距及其极限偏差		$a \pm f_a$	150 ± 0.032

图 1-5-1 从动齿轮精度设计后的零件图及参数表

慕课第五章自测题解析

一、判断题

1. 制造出的齿轮若是合格的，一定能满足齿轮的四项使用要求。（×）

解析： 齿轮副的侧隙不仅和每个齿轮齿厚偏差有关，还与齿轮副中心距有关。因此，即使每个齿轮都是合格的，也不一定能保证侧隙符合要求。

2. 同一个齿轮的齿距累积总偏差与其切向综合总偏差的数值是相等的。（×）

解析： 切向综合总偏差包含了齿距累积总偏差的信息，但二者不相等。切向综合总偏差要大于齿距累积总偏差。

3. 齿轮坯的精度和加工后齿轮的精度关系不大。（×）

解析： 齿轮坯的精度对加工后齿轮的精度影响很大，尤其是齿顶圆柱面的尺寸误差、定位端面对基准孔轴线的轴向圆跳动等。

4. 齿距累积总偏差是由径向误差与切向误差造成的。（√）

解析： 见教材第 115 页最后一段。

5. 齿轮的齿廓总偏差对接触精度无影响。（×）

解析： 影响接触精度的不仅有螺旋线总偏差，还有齿廓总偏差。螺旋线总偏差主要影响齿宽方向载荷分布均匀性，齿廓总偏差影响齿高方向载荷分布均匀性。

6. 测齿厚时，分度圆的弦齿高误差对齿厚偏差有影响。（√）

解析： 见教材第 128 页第 5.4.4 节。

7. 齿轮的三项精度指标必须选取相同的精度等级。（×）

解析： 三项精度根据齿轮的具体使用条件确定，可以相同也可以不同。

8. 齿轮的某一单项测量，不能充分评定齿轮的工作质量。（√）

解析： 齿轮的使用要求有四个方面（传动的准确性、传动的平稳性、载荷分布的均匀性及侧隙的合理性），所以齿轮的某一单项测量，不能充分评定它的工作质量。

二、单项选择题

1. 螺旋线总偏差主要影响齿轮的（C）。
   A. 传动的准确性　　　　　　B. 传动平稳性
   C. 轮齿载荷分布均匀性　　　D. 侧隙的合理性

解析： 见教材第 126 页第 5.4.3 节。

2. 对矿山机械、起重机械中的齿轮，主要要求是（C）。
   A. 传动的准确性　　　　　　B. 传动平稳性
   C. 轮齿载荷分布均匀性　　　D. 侧隙的合理性

解析：矿山机械、起重机械中的齿轮属于传递动力齿轮，故对轮齿载荷分布均匀性的要求较高。

3. 齿距累积总偏差 ΔF_p 主要影响齿轮的（A）。
    A. 传动的准确性   B. 传动平稳性
    C. 轮齿载荷分布均匀性   D. 侧隙的合理性

解析：见教材第 117 页第 5.4.1 节。

4. 标注为 8—8—7 GB/T 10095.1—2008 齿轮的轮齿载荷分布均匀性精度等级为（B）。
    A. 8 级   B. 7 级   C. B 级   D. G 级

解析：国家标准规定，图样上标注齿轮不同精度等级时，按齿轮传递运动准确性、传动平稳性和轮齿载荷分布均匀性的顺序标注。

5. 下列齿轮精度检测指标中，属于非强制性检测指标的是（D）。
    A. 齿距累积总偏差   B. 单个齿距偏差
    C. 螺旋线总偏差   D. 一齿切向综合偏差

解析：齿距累积总偏差、单个齿距偏差、螺旋线总偏差分别是评定齿轮传动准确性、传动平稳性、载荷分布均匀性的强制性检测指标，一齿切向综合偏差属于非强制性检测指标。

6. 国家标准规定齿轮单个齿距偏差的精度等级为（C）。
    A. 1~12 级   B. 4~12 级   C. 0~12 级   D. 1~13 级

解析：国家标准对齿轮强制性和非强制性检测精度指标要求除双啮指标规定 4~12 级精度等级外，其他都是 0~12 级精度等级。

7. 影响齿轮传递运动准确性的误差项目有（A）。
    A. 运动偏心   B. 齿厚偏差
    C. 齿廓总偏差   D. 螺旋线总偏差

解析：除运动偏心外，还有几何偏心，并考虑两者的综合影响。

8. 影响齿轮副侧隙的误差项目有（B）。
    A. 齿距累积总偏差   B. 齿厚偏差
    C. 螺旋线总偏差   D. 齿廓总偏差

解析：中心距不变的情况下，齿厚变薄，侧隙变大。

三、多项选择题

1. 评定齿轮副侧隙的指标有（AD）。
    A. 齿厚偏差   B. 基节偏差
    C. 齿轮径向跳动   D. 公法线长度偏差

解析：齿厚变薄，侧隙变大。齿厚的改变能引起公法线长度变化，齿厚偏差和公法线长度偏差两个指标都可以影响侧隙。

2. 齿轮副侧隙的作用主要有（AC）。
　　A. 补偿热变形　　　　　　　　B. 便于装配
　　C. 储存润滑油　　　　　　　　D. 节省原材料

解析： 齿轮副侧隙的作用主要是保证齿轮的正常工作，理想齿轮传动侧隙可以储存润滑油和补偿热变形。

3. 齿轮国家标准对下列（ABD）误差项目规定了公差。
　　A. 齿距累积总偏差　　　　　　B. 齿廓总偏差
　　C. 齿厚偏差　　　　　　　　　D. 径向综合总偏差

解析： 齿轮国家标准规定了 ABD 三个项目的公差。对于影响侧隙的齿厚偏差一般计算确定。

4. 采用相对测量法测量齿距时，一次可以得到下列（ABC）误差项目。
　　A. 齿距累积总偏差　　　　　　B. 齿距累积偏差
　　C. 单个齿距偏差　　　　　　　D. 切向综合总偏差

解析： 切向综合总偏差用齿轮单面啮合综合测量仪测量。

D. 思考练习题及解析

1. 齿轮公差要保证齿轮传动的哪些要求？其主要影响因素是什么？
思路点拨： 考查齿轮的使用要求及其评定项目，参考教材第 5.2，5.4 节。

2. 影响齿轮精度的主要误差来源是什么？
思路点拨： 考查误差来源，参考慕课第 51 节"影响齿轮传动误差的主要因素"。

3. 某直齿圆柱齿轮精度等级为 8—7—8 GB/T 10095.1—2008，模数 $m=2$ mm，齿数 $z=60$，标准压力角 $\alpha=20°$，齿宽 $b=30$ mm。若测得误差结果为 $\Delta F_p=0.080$ mm，$\Delta F_\alpha=0.014$ mm，$\Delta f_{pt}=0.013$ mm，$\Delta F_\beta=0.016$ mm，判断该齿轮是否合格。
思路点拨： 考查齿轮精度设计，参考教材第 5.5.1 节。

4. 使用双测头比较测量装置按相对法测量齿轮各右齿面齿距偏差。任选一个齿距作为基准齿距，用该装置测量此齿距时调整其上的指示表示值为零，然后用调整好示值零位的装置逐齿依次测量其余 11 个齿距对基准齿距的偏差，依次测得的值如下：+5，+5，+10，-20，-10，-20，-18，-10，-10，+15，+5。根据这些数据，确定被测齿轮的齿距累积总偏差和单个齿距偏差。
思路点拨： 考查齿距偏差的检测，参考教材第 120 页表 5-4。

5. 齿轮齿厚偏差用来评定齿轮的哪个性能指标？检测齿厚偏差时，采用的仪器名称、检测方法和图样上标注的符号是什么？

思路点拨： *考查侧隙指标，参考教材第5.4.4节。*

6. 齿坯的精度设计要求有哪些？

思路点拨： *考查齿轮坯的公差，参考教材第5.5.3节。*

◇ **参考答案**

问题1答： 见表1-5-3。

表1-5-3 齿轮公差所保证的传动要求及影响因素

传动要求	影响因素
传动的准确性	齿距累积总偏差
传动的平稳性	齿廓总偏差、单个齿距偏差
载荷分布的均匀性	螺旋线总偏差
侧隙的合理性	中心距、齿厚

问题2答： 主要误差来源于齿轮坯的几何偏心和运动偏心，相邻齿廓间的齿距偏差和各个齿廓的形状误差，以及加工齿轮时刀架导轨相对于工作台回转轴线的平行度误差、心轴轴线相对于工作台回转轴线的倾斜、齿轮坯切齿时定位端面对其基准孔轴线的垂直度误差。

问题3答： 由直齿圆柱齿轮精度等级查表可得 $F_p = 0.052$ mm，$\pm f_{pt} = 0.011$ mm，$F_\alpha = 0.012$ mm，$F_\beta = 0.024$ mm，该齿轮不合格。

问题4答： $\Delta F_p = 0.064$ mm；$\Delta f_{ptmax} = 0.019$ mm（详解请看教材第120页表5-4）。

问题5答： 齿轮齿厚偏差用来评定齿轮的齿侧间隙。检测齿厚通常用齿厚游标卡尺，方法是按分度圆上的弦齿高定位，检测任意齿的弦齿厚。图注上标注符号为 h_c，$s_{nc}{}^{+E_{sns}}_{+E_{sni}}$。

问题6答： 齿坯设计中应要求制造基准面、安装基准面和找正点等有必要的几何公差。

 知识延拓——滚齿加工

滚齿加工是应用最广泛的圆柱齿轮轮齿加工方法（图1-5-2），属于展成法加工。它根据一对交错轴斜齿圆柱齿轮副啮合原理，使用齿轮滚刀对齿坯进行切齿。齿轮滚刀相当于一个齿数很少、螺旋角很大的斜齿圆柱齿轮。滚齿加工时，被加工齿轮的齿坯装在回转工作台上的机床夹具中，滚刀安装在滚刀刀杆轴上。滚齿时滚刀与被切削齿轮做啮合展成运动，滚刀切削刃连续运动轨迹的包络线形成了被切削齿轮的轮齿齿廓。

如图1-5-3所示，根据滚齿加工原理，滚齿切削包含以下几种运动：

① 切削运动——滚刀的旋转是滚齿时必需的切削运动，称机床的主运动。借助滚齿机速度交换齿轮，可以改变滚刀的旋转速度。

② 分齿运动——滚刀与齿坯之间强制保持一对螺旋齿轮啮合运动关系的运动。分齿运动由滚齿机的传动系统来实现，齿坯的分度是连续的。

③ 轴向进给运动——为在全齿宽上切削出渐开线齿面，滚刀应该沿被切削齿轮轴线方向 f 进行轴向进给。通过滚齿机进给交换齿轮的变换，可以改变轴向进给量。

④ 附加运动——当滚切斜齿齿轮时，被切削齿轮在实现上述展成运动的同时，还需有一个附加的旋转运动。

图 1-5-2　滚齿加工

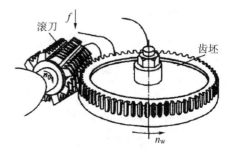
图 1-5-3　滚齿时的主要运动

滚齿加工运动是复杂精确的运动，而且直接影响着齿轮的制造精度，可谓失之毫厘，谬以千里。

6 典型零部件的公差及检测学习指导

知识目标

① 了解各种常见典型零件互换性的特点及公差与配合的特点。
② 了解各种常见典型零件的公差等级及应用。

能力目标

① 能够合理选择典型零件的公差配合。
② 能够对典型零件的图样进行正确标注。

扫码链接　慕课知识

教材第6章知识脉络

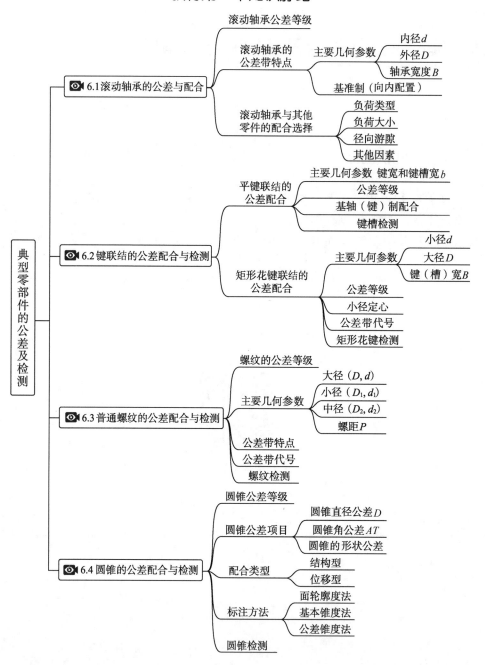

A. 慕课重点知识点睛

1. 滚动轴承公差等级

① GB/T 307.3—2017《滚动轴承　通用技术规则》将滚动轴承公差等级分为0，6

（6X），5，4，2 五级。

② 0 级精度最低，2 级精度最高。

2. 游隙　轴承游隙是轴承滚动体与轴承内外圈壳体之间的间隙。

① 游隙分为径向游隙和轴向游隙。
② 合适的游隙可以保证轴承正常运转，以及可靠的使用寿命。

3. 小径定心　以花键的小径作为定心表面来保证花键联结的配合性质。

① 小径更容易保证较高的加工精度。
② 小径尺寸公差与其表面形状公差使用包容要求保证配合性质。

4. 螺纹中径　螺纹牙型上沟槽和凸起宽度相等的地方假想圆柱的直径。

① 中径偏差直接影响螺纹的互换性，既影响旋合性又影响连接强度。
② 螺距累积偏差可以折算为中径当量，即 f_p（或 F_p）$= 1.732 \cdot \Delta P_\Sigma$。
③ 牙侧角偏差可以折算为中径当量，即 f_α（或 F_α）$= 0.073P(K_1|\Delta\alpha_1|+K_2|\Delta\alpha_2|)$。

5. 圆锥角公差带　即由极限圆锥角组成的区域。

① 极限圆锥角是允许的上极限圆锥角和下极限圆锥角。
② 圆锥角公差共分为 12 个公差等级，分别用 $AT1$，$AT2$，…，$AT12$ 表示。$AT1$ 精度最高。
③ 一般情况下圆锥角公差带对称于公称圆锥角分布。

B. 慕课学习难点剖析

作用于轴承的负荷类型对轴承套圈与轴颈或轴承座孔的配合选择的影响如何？

静止负荷：作用于轴承上的合成径向负荷相对于套圈静止，即合成径向负荷方向始终不变地作用在套圈滚道的局部区域上。承受静止负荷的套圈与轴颈或轴承座孔的配合应采用较小的间隙配合或较松的过渡配合。

旋转负荷：作用于轴承上的合成径向负荷相对于套圈旋转，即合成径向负荷依次作用在套圈滚道的整个圆周上。承受旋转负荷的套圈与轴颈或轴承座孔的配合应采用过盈配合或较紧的过渡配合。

摆动负荷：作用于轴承上的合成径向负荷与套圈在一定区域内相对摆动，即合成负荷向量按一定规律变化，往复作用在套圈滚道的局部圆周上。承受摆动负荷的套圈与轴颈或轴承座孔的配合，一般与承受旋转负荷的套圈与轴颈或轴承座孔的配合相同或略松一些。

C. 慕课典型习题解析

【例1-6-1】 已知减速器的功率为 5 kW，输出轴转速为 83 r/min，其两端的轴承为30211圆锥滚子轴承（$d=55$ mm，$D=100$ mm）。从动齿轮的齿数 $z=79$，法向模数 $m_n=3$ mm，标准压力角为20°，分度圆螺旋角为8°6′34″。试确定轴颈和轴承座孔的尺寸公差带代号（上、下极限偏差）、几何公差值和表面粗糙度轮廓幅度参数值，并将它们分别标注在装配图和零件图上。

解题方略： 轴承精度等级一般按照类比法选择。选择轴承与轴颈、轴承座孔的配合，主要依据轴承套圈相对负荷方向的运转状态、负荷大小、径向游隙和轴承工作条件等。

解：

① 本例的减速器属于一般机械，转速不高，选用0级轴承。

② 该轴承承受定向的径向负荷的作用，内圈与轴一起旋转，外圈安装在剖分式外壳的轴承座孔中，不旋转。因此，内圈相对于负荷方向旋转，它与轴颈的配合应较紧；外圈相对于负荷方向固定，它与外壳轴承座孔的配合应较松。

③ 按照该轴承的工作条件，经计算得该轴承的径向当量动负荷 P_r 为 2 401 N，查表得轴承的径向额定动负荷 C_r 为 86 410 N，所以 $P_r/C_r=0.028$，属于轻负荷。

④ 按轴承工作条件查标准，可选轴尺寸公差带为 $\phi55k6$（基孔制配合），轴承座孔尺寸公差带为 $\phi100J7$（基轴制配合）。

⑤ 查标准选取几何公差值：轴颈圆柱度公差为 0.005 mm，轴颈肩部的轴向圆跳动公差为 0.015 mm；轴承座孔圆柱度公差为 0.01 mm。

⑥ 查标准选取轴颈 Ra 的上限值为 0.8 μm，轴颈肩部 Ra 的上限值为 3.2 μm，轴承座孔 Ra 的上限值为 3.2 μm。

⑦ 将确定好的公差标注在图样上，由于滚动轴承是外购标准件，只需标出轴颈和外壳轴承座孔的尺寸公差代号（图1-6-1）。

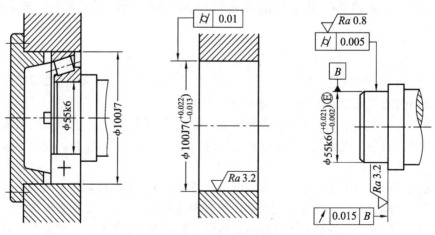

图 1-6-1 轴颈和外壳轴承座孔装配简图和零件简图

慕课第六章自测题解析

一、判断题

1. 使用滚动轴承的目的是减少传动过程中运动副的摩擦磨损，提高机械效率。
（√）

解析：见慕课第 61 节"滚动轴承的公差与配合"。

2. 实际使用中滚动轴承的内圈与壳体轴承座孔相配合，外圈与轴颈相配合。（×）

解析：滚动轴承的内圈与轴颈相配合，外圈与壳体轴承座孔相配合。

3. 随着轴承所承受负荷的增大，轴承与轴颈或轴承座孔的配合应该逐渐变紧。
（√）

解析：避免它们产生相对滑动，以实现套圈滚道均匀磨损。

4. 对游隙比 0 组小的轴承，选取配合的过盈量应当增大，即配合应该更紧些。
（×）

解析：对游隙比 0 组小的轴承，选取配合的过盈量应适当减小，即配合应该更松些，以减少工作时的摩擦发热，延长轴承的使用寿命。

5. 平键联结中，通过键的侧面与轴键槽和轮毂键槽的侧面相互接触来传递转矩，键的顶部表面与轮毂键槽的底部表面之间也不能留有间隙。（×）

解析：键的顶部表面与轮毂键槽的底部表面之间必须留有一定的间隙以便于装配。

6. 键和键槽的宽度，应具有足够的精度，以便于稳定地传递转矩和导向。（√）

解析：平键联结的键宽和键槽宽是配合尺寸，应有足够的精度，键与键槽侧面应有充分有效接触面积，便于稳定地传递转矩和导向。

7. 检验内花键时，只要花键塞规能够自由通过，就说明这个内花键完全合格了，无须用到单项止端塞规进行检验。（×）

解析：只有花键塞规能够自由通过，同时单项止端塞规通不过时，才说明这个内花键完全合格。

8. 应按照键数 N、大径 D、小径 d、键宽 B 的顺序，把内/外花键的公称尺寸、公差及配合代号依次标注在零件图或装配图上。（×）

解析：正确顺序应为键数 N、小径 d、大径 D、键宽 B。

9. 螺纹的公差精度由公差等级和旋合长度确定。（√）

解析：见教材第 6.3.2 节。

10. 螺纹中径是指螺纹大径和小径的平均值。（×）

解析： 中径是一个假想圆柱的直径，该圆柱的母线通过牙型上沟槽和凸起宽度相等的地方。

11. 对于普通螺纹，中径合格就是指单一中径、牙侧角和螺距都是合格的。（×）

解析： 中径和单一中径的定义不同，只有作用中径合格，牙侧角和螺距才是合格的。

12. 中径和顶径公差带不相同的两种螺纹，螺纹精度等级有可能相同。（√）

解析： 螺纹精度等级取决于螺纹的公差等级和旋合长度。

13. 圆锥直径公差带形状是两个同心圆。（×）

解析： 圆锥直径公差带的形状为两个极限圆锥所限定的区域。

14. 圆锥配合只有间隙配合和过盈配合。（×）

解析： 圆锥配合有间隙配合、过渡配合和过盈配合。

15. 标注圆锥公差的方法有基本锥度法和公差锥度法两种。（×）

解析： 标注圆锥公差的方法有基本锥度法、公差锥度法、面轮廓度法三种。

16. 测量内圆锥使用圆锥塞规，而测量外圆锥使用圆锥环规。（√）

解析： 见慕课第 64 节"圆锥的公差配合及检测"。

二、单项选择题

1. 6 级精度的向心轴承与 6X 级圆锥滚子轴承相比，正确的说法是（B）。
   A. 前者装配宽度要求更严格些　　B. 后者装配宽度要求更严格些
   C. 两者装配精度要求同样严格　　D. 宽度公差值是不同的

解析： 6 级向心轴承与 6X 级圆锥滚子轴承相比，公差值是相同的，只是 6X 级轴承的装配宽度要求更加严格一些，故 B 选项正确。

2. 滚动轴承的外圈外径与轴承座孔的配合采用（B）。
   A. 基孔制　　　　　　　　　　B. 基轴制
   C. 基孔制和基轴制都可以　　　D. 任意配合

解析： 因为滚动轴承是标准部件，其内圈内径与外圈外径尺寸在出厂时分别按基准孔和基准轴制造，因此滚动轴承的内圈内径与轴颈的配合应该采用基孔制，而外圈外径与轴承座孔的配合则应采用基轴制，故 B 选项正确。

3. 关于滚动轴承内圈的公差带，说法正确的是（D）。
   A. 位于零线上方，且下极限偏差为零
   B. 位于零线上方，且下极限偏差不为零
   C. 相对于零线对称分布
   D. 位于零线下方，且上极限偏差为零

解析： 轴承内圈是基准孔，它的公差带是位于零线下方的，而且上偏差为零，这是滚动轴承内圈尺寸公差带相比常用孔、轴公差配合中基准孔的显著不同之处，故 D 选项正确。

4. 与同名的普通基轴制配合相比，轴承外圈与轴承座孔形成的配合（C）。
   A. 偏紧　　　　　　　　　　　B. 偏松
   C. 配合性质基本一致　　　　　D. 没法比较

   解析： 在滚动轴承外圈与轴承座孔形成的基轴制配合中，外圈外圆柱面是基准轴，它的公差带是位于零线下方的，而且上极限偏差为零，这与常用孔、轴公差配合中基准轴的公差带特点是相同的，只是公差值略有不同，形成的同名配合的配合性质也基本一致，故 C 选项正确。

5. 在平键联结中，应规定较严格公差要求的配合尺寸是键和键槽的（A）。
   A. 宽度　　　　　　　　　　　B. 长度
   C. 高度或深度　　　　　　　　D. 以上都是

   解析： 键和键槽的宽度是配合尺寸，应该规定比较严格的公差要求；长度、键高、轴键槽的深度及轮毂键槽的深度为非配合尺寸，可以给予比较松的公差，故 A 选项正确。

6. 键宽与轴键槽宽和轮毂键槽宽的配合均应该采用（B）。
   A. 基孔制　　　　　　　　　　B. 基轴制
   C. 前述两个都可以　　　　　　D. 任意配合

   解析： 键宽可看成单键联结中的"轴"，轴键槽宽和轮毂键槽宽可视为单键联结中的"孔"，因为键是标准件，所以键宽与轴键槽宽和轮毂键槽宽的尺寸配合均应该采用基轴制，故 B 选项正确。

7. 矩形花键联结一般采用的定心方式是（A）。
   A. 小径定心　　B. 大径定心　　C. 键宽定心　　D. 可随意选取

   解析： 实际使用中，想要保证花键联结的小径、大径和键侧三个配合面同时达到高精度的配合是非常困难的，也没有必要。因此，国家标准规定矩形花键联结一般采用小径定心，以便获得高的定心精度，故 A 选项正确。

8. 国家标准规定矩形花键配合一般采用（B）。
   A. 基轴制　　　　　　　　　　B. 基孔制
   C. 前述两个都可以　　　　　　D. 任意配合

   解析： 为减少制造内花键所用的拉刀和量具的品种规格数量，规定矩形花键配合采用基孔制，通过改变外花键相应配合尺寸的基本偏差，来获得不同松紧的配合，故 B 选项正确。

9. 螺纹公差带是以（A）的牙型公差带。
   A. 基本牙型的轮廓为零线　　　B. 中径线为零线
   C. 大径线为零线　　　　　　　D. 小径线为零线

解析： 螺纹公差带比较特殊，是沿基本牙型的牙侧、牙顶和牙底分布的公差带，故零线是基本牙型的轮廓。

10. 螺纹标记 M20×2-7h6h-L，其中 6h 为（A）。

　　A. 外螺纹大径公差带代号　　　　B. 内螺纹中径公差带代号

　　C. 外螺纹小径公差带代号　　　　D. 外螺纹中径公差带代号

解析： 按螺纹标记的顺序，螺纹公差带代号中，中径公差带代号在前，顶径公差带代号在后（外螺纹顶径为大径，内螺纹顶径为小径），且公差带代号由公差等级和基本偏差代号（内螺纹用大写字母，外螺纹用小写字母）组成，故 6h 为外螺纹大径公差带代号。

11. 螺纹公差带一般以（A）作为中等精度。

　　A. 中等旋合长度下的 6 级公差　　B. 短旋合长度下的 6 级公差

　　C. 短旋合长度下的 7 级公差　　　D. 中等旋合长度下的 7 级公差

解析： 国家标准规定根据螺纹的公差带和旋合长度共同确定精度等级，中等精度对应中等旋合长度下的 6 级公差。

12. 若外螺纹具有螺距误差，$\Delta P_\Sigma > 0$，与其相配合的内螺纹具有理想牙型，则内外螺纹旋合时干涉部位产生在（C）。

　　A. 螺纹大径处　　　　　　　　　B. 螺纹小径处

　　C. 螺纹牙型右侧面　　　　　　　D. 螺纹牙型左侧面

解析： 外螺纹存在螺距误差，$\Delta P_\Sigma > 0$，说明它的 n 个螺距的实际轴向距离大于其基本值 nP，故在内外螺纹旋合时在螺纹牙型右侧面产生干涉。

13. 下列是圆锥主要几何参数的是（B）。

　　A. 锥角公差　　B. 圆锥直径　　　C. 基面距　　　D. 最大直径

解析： 圆锥的主要几何参数为圆锥角、圆锥直径和圆锥长度。

14. 圆锥角公差共分为（C）个公差等级。

　　A. 20　　　　　B. 13　　　　　　C. 12　　　　　D. 10

解析： 见教材第 6.4.2 节"圆锥公差项目及其选择"。

15. 在图样上，圆锥的形状公差一般标注（A）。

　　A. 素线直线度公差和圆度公差　　B. 斜向跳动公差

　　C. 线轮廓度公差　　　　　　　　D. 轴向跳动公差

解析： 见教材第 6.4.2 节"圆锥公差项目及其选择"。

16. 用万能角度尺测量圆锥角的方法属于（D）。

　　A. 间接测量　　B. 比较测量　　　C. 相对测量　　　D. 直接测量

解析： 见慕课第 64 节"圆锥的公差配合及检测"。

三、多项选择题

1. 在选用滚动轴承配合的时候，应该考虑（ABCD）。
   A. 轴承套圈相对于负荷方向的运转状态
   B. 负荷的大小
   C. 轴承的径向游隙
   D. 轴承的工作条件

解析： 见教材第 6.1.3 节"滚动轴承与轴颈和外壳孔的配合"。

2. 关于减速器转轴两端滚动轴承外圈配合的说法，正确的是（ACD）。
   A. 相对于径向负荷是固定的
   B. 相对于径向负荷是旋转的
   C. 与外壳轴承座孔的配合可选用平均间隙较小的过渡配合
   D. 与外壳轴承座孔的配合可选用极小间隙的间隙配合

解析： 减速器转轴两端的滚动轴承，在工作时其外圈是固定的，内圈是随轴颈一起转动的，故 A 选项正确；工作时，轴承外圈与相应外壳轴承座孔的配合应该选用比较松的，如平均配合间隙较小的过渡配合或者具有极小间隙的间隙配合，以便使套圈与相配合的外壳轴承座孔可以在摩擦力矩的带动下发生缓慢的相对滑动，避免造成套圈滚道的局部磨损，故 C，D 选项均正确。

3. 几何误差影响矩形花键联结的（ABC）。
   A. 装配精度　　B. 联结强度　　C. 配合性质　　D. 以上都不是

解析： 内/外花键存在较大的几何误差时，不仅会影响到装配精度和配合性质，严重时造成装配干涉（故 A，C 选项正确），而且还会使键和键槽侧面负载不均匀，影响花键联结的强度（故 B 选项正确）。

4. 关于花键的标注 6×28H7×34H10×7H11，以下说法正确的是（BD）。
   A. 为外花键　　　　　　　　　B. 为内花键
   C. 键宽公称尺寸为 6 mm　　　　D. 键槽宽公称尺寸为 7 mm

解析： 花键的标注代号，大写字母表示内花键，小写字母表示外花键，上述代号表示：花键键数是 6，小径、大径、键槽宽度的公称尺寸分别是 28 mm，34 mm，7 mm，公差带代号分别为 H7，H10，H11，故 B，D 选项正确。

5. 普通螺纹的几何误差影响螺纹连接的（AB）。
   A. 旋合性　　B. 连接强度　　C. 耐磨性　　D. 密封性

解析： 见教材第 150 页末段。

6. 普通螺纹的（AD）都必须在中径极限尺寸范围内才是合格的。
   A. 单一中径　　B. 大径　　　　C. 小径　　　　D. 作用中径

解析： 按泰勒原则，合格螺纹的作用中径应不超出最大实体牙型的中径，而任一部位的单一中径应不超出最小实体牙型的中径，即单一中径和作用中径都在中径极限尺寸范围内。

7. 形成圆锥配合的方式有（AB）。
   A. 结构型圆锥配合　　　　　B. 位移型圆锥配合
   C. 角度型圆锥配合　　　　　D. 内、外圆锥型圆锥配合

解析： 圆锥配合的方式有结构型圆锥配合和位移型圆锥配合，见本书"教材第6章知识脉络图"。

8. 下列属于圆锥公差术语的有（ABCD）。
   A. 公称圆锥　　　　　　　　B. 极限圆锥
   C. 圆锥直径公差　　　　　　D. 极限圆锥角

解析： 圆锥公差术语有公称圆锥、极限圆锥、圆锥直径公差、圆锥直径公差区、极限圆锥角、圆锥角公差和圆锥角公差区。

D. 思考练习题及解析

1. 滚动轴承使用时需要满足哪些要求？对应的精度指标是什么？
思路点拨： 考查滚动轴承的互换性，参考教材6.1.2节。

2. 滚动轴承外圈外径和内圈内径的公差与配合的特点是什么？
思路点拨： 考查滚动轴承的公差与配合，参考教材6.1.2节。

3. 平键联结为什么只对键宽和槽宽规定较严的公差？
思路点拨： 考查平键联结公差与配合，参考教材6.2.1节。

4. 大径为30 mm、螺距为2 mm的普通右旋内螺纹，中径和小径的公差带代号都为6H，短旋合长度，该螺纹代号是什么？
思路点拨： 考查螺纹的公差代号，参考教材6.3.2节。

5. 结构型圆锥配合和位移型圆锥配合的主要区别是什么？
思路点拨： 考查圆锥公差配合，参考教材6.4.2节。

◇ 参考答案

问题1答： 滚动轴承使用时必须满足的要求是必要的旋转精度和合适的游隙。对应的精度指标主要有外圈外径、内圈内径和宽度的制造精度，成套轴承内、外圈的径向跳动，成套轴承内、外圈端面对滚道的跳动，内圈基准端面对内孔的跳动，外径表面母线对基准端面倾斜度的变动量，径向游隙量等。

问题2答：
① 因为滚动轴承属于标准件，所以滚动轴承内圈与轴颈的配合采用基孔制；外圈

与轴承座孔的配合采用基轴制。

② 公差带均采用单向配置，即上极限偏差为 0。要特别注意内圈内径作为基准孔和一般孔、轴配合的基孔制的基准孔不同，它的上极限偏差为 0（对一般孔、轴配合的基孔制的基准孔而言，其下极限偏差为 0）。

③ 与轴承配合的轴颈、轴承座孔公差带不可随意选取，需从标准 GB/T 275—2015 中的常用配合中选取。

问题 3 答：平键联结中轴和轮毂的转矩的传递是通过键的侧面和轴键槽、轮毂键槽侧面相互接触来实现的。因此，普通平键联结中，键和轴键槽、轮毂键槽的宽度 b 是配合尺寸，应规定较严格的公差。

问题 4 答：M30×2-6H-S。

问题 5 答：为获得指定配合性质的圆锥配合，结构型圆锥配合由内、外圆锥本身的结构或基面距确定它们之间最终的轴向相对位置；位移型圆锥配合由规定内、外圆锥的相对轴向位移或产生轴向位移的装配力的大小确定它们之间最终的轴向相对位置。

 知识延拓——轴承检测

轴承轮廓检测设备主要有以下几类：

1. 机械式设备

机械式设备采用表头进行显示，分辨率低，显示分辨率在 1 μm 左右，主观误差较大，一般检测参数单一，无法实现多参数测量，但其成本低，对环境要求不高，普及面广。如轴承行业现在使用的 D 系列内外径仪、H 系列高度仪、W 系列沟位置仪、B 系列摆差仪等。

2. 光机电一体化设备

光机电一体化设备一般采用传感器测量、数字显示，分辨率高，显示分辨率一般比机械式设备高一个数量级，示值准确，动态性能好，如激光粗糙度仪、标准测长机、基准游隙仪、摩擦力矩仪、主动测量仪、振动测量仪、在线内径测量机、机外检测机等。

3. 智能化设备

智能化设备一般采用传感器测量，计算机分析处理测量数据，通常具有多参数自动测量、消除测量安装误差、综合分析判断、数据存储、统计分析、网络管理接口等功能。其具有分辨率高、示值准确、显示直观、人机对话良好、动态性能好等特点，如 Y 系列圆度仪、基准游隙仪、机外检测机、智能振动测量仪、R 系列沟曲率仪、摩擦力矩仪、网络化轴承多参数仪等。

4. 无损检测设备

无损检测设备一般采用传感器测量，可以非破坏方式检查轴承内部和表面裂纹缺陷等，如显微硬度机、涡流裂纹检查机、超声波探伤机等。

从轴承检测来看，可以说产品制造精度的提高在一定程度上有赖于检测技术的发展。在由制造大国迈向制造强国的路上，作为未来工程师的机械类专业大学生，不仅需要关注精度知识也需要重视检测技术的知识学习。

第二部分

机械精度设计项目实践

1 机械精度设计项目实践概述

2 机械精度设计项目任务示范

3 机械精度设计常用设计参考资料

4 机械精度设计实践题目

1 机械精度设计项目实践概述

　　互换性与测量技术是工科机械类专业的重要技术基础课程，是开展机械课程设计、毕业设计和将来从事专业技术工作的基础。在课程学习时，学生关注的重点是将所学知识转化为能力，这也是设置机械精度设计项目实践环节的主要目的。

　　机械精度设计直接影响机械的使用性能和工艺性能。一个合理的精度设计，必须同时兼顾机械的使用性能和工艺性能，既不能选择过低的精度等级而导致使用性能无法满足要求，也不能盲目选择过高的精度等级而导致加工成本无谓增加。性能高低和加工成本的高低往往是矛盾的，两者的辩证统一对工程师的精度设计能力提出了较高要求。

　　本部分机械精度设计教学项目实践，选择了典型的减速器零件作为精度设计对象，包括输出轴、大齿轮和箱体，它们的复杂度适中，具有代表性，涉及到的零件精度设计知识关联到互换性与测量技术课程的大部分内容。通过项目实践，学生能够巩固所学的机械精度设计的知识内容，掌握机械精度设计的一般步骤与方法。

项目实践目的：

　　（1）理解零件的设计精度对其使用性能和工艺性能的影响；

　　（2）根据零件不同表面的工作性质及要求提出相应的尺寸公差、几何公差和表面粗糙度轮廓等要求；

　　（3）掌握零件的尺寸精度、几何精度和表面粗糙度轮廓的设计方法；

　　（4）掌握正确的零件尺寸公差、几何公差和表面粗糙度轮廓的图纸标注方法。

项目实践要求：

　　完成减速器输出轴、大齿轮和箱体的机械精度设计。

　　（1）对零件上各几何要素的作用进行分析；

　　（2）对零件各表面主要部分的技术要求进行分析；

　　（3）根据零件不同要素的工作性质及要求，设计相应的尺寸精度、几何精度和表面粗糙度轮廓等项目值；

　　（4）把相应的几何量公差及表面粗糙度轮廓等标注在零件图上。

A. 机械精度设计项目设计任务书

图 2-1-1 为一般用途的一级圆柱齿轮减速器，油池润滑，功率 3.9 kW，高速轴转速 572 r/min，传动比 $i=4.45$，小齿轮齿数 $z_1=20$，大齿轮齿数 $z_2=89$，法向模数 $m_n=2.5$ mm，标准压力角 $\alpha_n=20°$，螺旋角 $\beta=9°8'20''$，右旋，变位系数 $x=0$，小齿轮的齿宽 $b_1=60$ mm，大齿轮齿宽 $b_2=55$ mm。

与减速器输入轴配合的两个轴承为 0 级圆锥滚子轴承 30206 GB/T297—2015（$d×D×B=30×62×16$），承受轻载荷。

与减速器输出轴配合的两个轴承为 0 级圆锥滚子轴承 30207 GB/T297—2015（$d×D×B=35×72×17$），承受轻载荷。

齿轮材料为钢，线膨胀系数 $\alpha_1=11.5×10^{-6}$ ℃$^{-1}$；箱体材料为铸铁，线膨胀系数 $\alpha_2=10.5×10^{-6}$ ℃$^{-1}$。减速器工作时，齿轮温度增至 $t_1=45$ ℃，箱体温度增至 $t_2=30$ ℃。

图 2-1-2 为此减速器的输出轴，图 2-1-3 为与输出轴配合的大齿轮，图 2-1-4 为减速器的机座。

请分别对输出轴、大齿轮和机座进行精度设计，并完成以下内容：

（1）标注减速器输出轴零件图；

（2）标注减速器大齿轮零件图；

（3）标注减速器机座零件图；

（4）撰写精度设计说明书。

B. 项目设计任务图纸

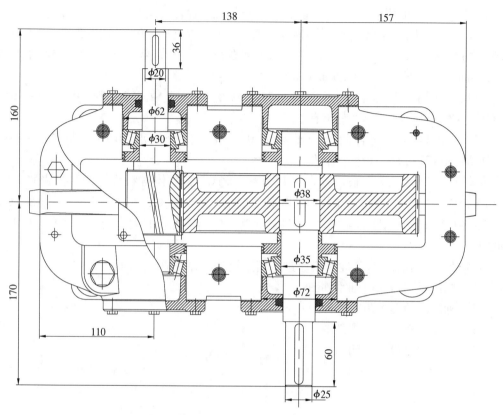

图 2-1-1 一级圆柱齿轮减速器

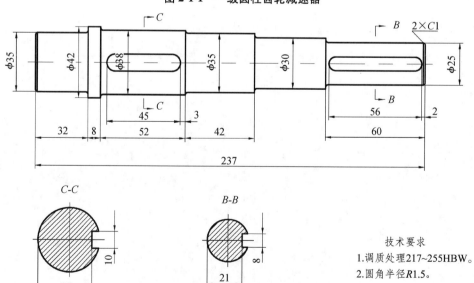

技术要求
1.调质处理217~255HBW。
2.圆角半径R1.5。

图 2-1-2 减速器输出轴零件图

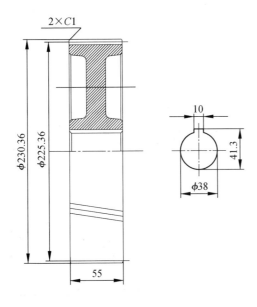

技术要求
1.正火处理190~210HBW。
2.未注明倒角C2，圆角R5。
3.起模斜度1:10。

法向模数 m_n		
齿数 z_2		
标准压力角		
变位系数 x_2		
螺旋角 β 及方向		
精度等级		
齿距累积总偏差允许值 F_p		
单个齿距偏差允许值 f_{pt}		
齿廓总偏差允许值 F_α		
螺旋线总偏差允许值 F_β		
公法线长度	跨齿数 k	
	公称值及极限偏差 $W^{+E_{ws}}_{+E_{wi}}$	
配偶齿轮的齿数 z_1		
中心距及极限偏差 $a \pm f_a$		

图 2-1-3　减速器大齿轮零件图

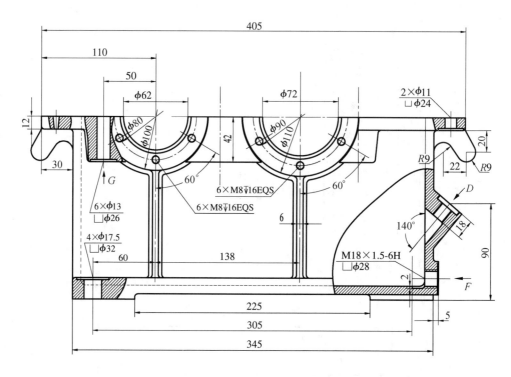

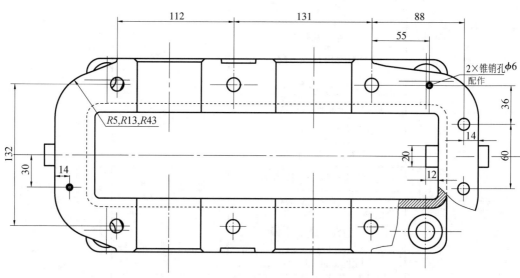

图 2-1-4 减速器机座零件图

C. 机械精度设计项目实践步骤

（1）设计准备。

① 了解设计任务书，明确设计要求、初始条件、设计内容；

② 读懂产品装配图，了解产品的功能、结构等；

③ 准备好设计所需要的资料。

（2）列出主要几何要素。

① 根据零件的结构、功能、相配件特点等条件，找出主要几何要素，如与其他零件相配合的表面等；

② 做一个列表，列出需要给出尺寸公差、几何公差和表面粗糙度轮廓的要素，如有相配件，列出各相配件的名称。

（3）对主要几何要素进行机械精度设计。

相配件如果为某些典型零件，其机械精度和表面粗糙度轮廓往往按相配件的相关设计资料来确定。如相配件为轴承、键与花键、齿轮等，会有相应的类比法应用实例表和国家标准可以查阅。其他的几何要素，则可以查阅普通的类比法应用实例表进行设计。

（4）尺寸公差和几何公差的未注公差值的选用。

一些低精度的非配合几何要素，往往只给出线性尺寸的一般公差；如果对其他要素没有较高的相对方位的精度要求，往往只给出几何公差的未注公差。

（5）将尺寸公差、几何公差和表面粗糙度轮廓的设计结果，正确地标注在零件图上。

（6）编写精度设计说明书。

2 机械精度设计项目任务示范

　　以下机械精度设计项目任务的示范内容，对应前一节中的机械精度设计项目设计任务书的内容要求，给出的设计方法和结果具有一定参考价值，但并非唯一的设计方法，设计结果也不是唯一的标准结果。在真正的设计过程中，需要根据具体的实际条件和设计侧重点等进行综合考虑确定。

A. 减速器输出轴机械精度设计

　　（1）减速器输出轴精度设计内容：
　　① 确定与大齿轮配合的尺寸公差、几何公差和表面粗糙度轮廓参数值；
　　② 确定与滚动轴承配合的尺寸公差、几何公差和表面粗糙度轮廓参数值；
　　③ 确定与联轴器配合的尺寸公差、几何公差和表面粗糙度轮廓参数值；
　　④ 确定与平键配合的尺寸公差、几何公差和表面粗糙度轮廓参数值；
　　⑤ 确定未注的尺寸公差、几何公差和其他表面的表面粗糙度轮廓参数值。
　　（2）减速器输出轴的主要几何要素列表：
　　需精度设计的减速器输出轴的主要几何要素与其相配件见表 2-2-1。

表 2-2-1　减速器输出轴的主要几何要素与其相配件

几何要素	相配件	设计特点
$2 \times \phi 35$ 外圆	滚动轴承内圈内孔	查阅滚动轴承相配轴的相关表格 或减速器传动轴相关经验表格
$\phi 38$ 外圆	大齿轮内孔	查阅齿轮内孔相配轴的相关表格 或减速器传动轴相关经验表格
$\phi 25$ 外圆	联轴器内孔	查阅联轴器内孔相配轴的相关表格 或减速器传动轴相关经验表格
$\phi 30$ 外圆	毡圈油封内孔	查阅通用孔轴配合的相关表格 或减速器传动轴相关经验表格
10×8 键槽	键	查阅平键联结相关公差标准
8×7 键槽	键	查阅平键联结相关公差标准

　　（3）减速器输出轴精度设计说明书：
　　减速器输出轴的主要几何要素精度设计内容、设计过程说明及结果见表 2-2-2。

表 2-2-2 减速器输出轴的主要几何要素精度设计内容、设计过程说明及结果

设计内容	设计过程说明	结果
一、尺寸精度设计	1. $2\times\phi 35$： 　　与轴承内圈内孔相配合的轴颈，其尺寸公差可以根据相配的滚动轴承来选择。 　　查表 2-3-4，根据旋转的内圈载荷、轻载荷、圆锥滚子轴承、内径 35 mm 等条件，选择 j6。	$2\times\phi 35j6\left(^{+0.011}_{-0.005}\right)$
	2. $\phi 38$： 　　与齿轮内孔相配合的轴颈，其尺寸公差可以根据相配的齿轮来选择。 　　采用基孔制配合，齿轮精度为 8—8—7 GB/T 10095.1—2008。查表 2-3-17，选择齿轮孔的精度为 7 级，即 $\phi 38H7$，根据工艺等价性原则，$\phi 38$ 轴尺寸精度等级选 6 级。 　　查表 2-3-3，考虑到传递转矩和受冲击负荷的工作条件，选择 $\phi 38$ 轴颈基本偏差代号 r，即配合为 $\phi 38H7/r6$。	$\phi 38r6\left(^{+0.050}_{+0.034}\right)$
	3. $\phi 25$： 　　$\phi 25$ 轴与联轴器孔配合。采用键传递扭矩的联轴器，一般采用过渡或间隙配合，便于设备的安装和检修。 　　查表 2-3-8，选择 $\phi 25$ 轴颈基本偏差代号 j6，即此处配合为 $\phi 25H7/j6$。	$\phi 25j6\left(^{+0.005}_{-0.008}\right)$
	4. 键槽 $b\times h = 10\times 8$： 　　与平键配合的键槽，相关公差可查阅平键联结相关公差标准。 　　查表 2-3-6，考虑工作条件，选择正常联结，轴键槽尺寸公差带 N9。 　　查表 2-3-7，轴键槽 $10N9\left(^{0}_{-0.036}\right)$，$t_1 = 5.0^{+0.2}_{0}$，轴键槽深用 $(d-t_1)$ 标注，公差按 t_1 的公差选取，极限偏差按基准轴方式标注，$d-t_1 = 33^{0}_{-0.2}$。	$10N9\left(^{0}_{-0.036}\right)$； $d-t_1 = 33^{0}_{-0.2}$
	5. 键槽 $b\times h = 8\times 7$： 　　查表 2-3-6，考虑工作条件，选择正常联结，轴键槽尺寸公差带 N9。 　　查表 2-3-7，轴键槽 $8N9\left(^{0}_{-0.036}\right)$，$t_1 = 4.0^{+0.2}_{0}$，$d-t_1 = 21^{0}_{-0.2}$。	$8N9\left(^{0}_{-0.036}\right)$； $d-t_1 = 21^{0}_{-0.2}$
	6. 未注尺寸公差按 GB/T 1804—m。	未注尺寸公差按 GB/T 1804—m

续表

设计内容	设计过程说明	结果
	1. $2 \times \phi 35\ j6\left(^{+0.011}_{-0.005}\right)$： 　　与轴承内圈孔相配合的轴颈，其几何公差可以根据相配合的滚动轴承来选择。 　　① 为保证指定的配合性质，与轴承内圈孔配合的轴颈采用包容要求； 　　② 查表 2-3-16，根据 0 级轴承，选择 $2 \times \phi 35$ 轴颈圆柱度公差值为 0.004 mm，主要考虑配合的均匀性； 　　③ 查表 2-3-16，$\phi 35$ 轴肩的端面对 $2 \times \phi 35$ 轴颈公共基准轴线的轴向圆跳动公差值为 0.012 mm； 　　④ 查表 2-3-12，$2 \times \phi 35$ 轴颈对公共基准轴线的径向圆跳动公差等级选 7 级，查表 2-3-13，得 $2 \times \phi 35$ 轴颈径向圆跳动公差值为 0.020 mm。 　　**注**：轴向和径向圆跳动的基准一般选择两个支承轴颈形成的公共轴线；考虑加工工艺和测量工艺，也可以选择两端中心孔形成的公共轴线。其他需要以 $2 \times \phi 35$ 公共轴线作基准的场合，也可以这样选择。	$2 \times \phi 35j6\left(^{+0.011}_{-0.005}\right)$ Ⓔ； $t_{\bigcirc} = 0.004$ mm； 轴向 $t_{\nearrow} = 0.012$ mm； 径向 $t_{\nearrow} = 0.020$ mm
二、几何 精度设计	2. $\phi 38\ r6\left(^{+0.050}_{+0.034}\right)$： 　　① 为保证指定的配合性质，与齿轮内孔配合的轴 $\phi 38$ 采用包容要求； 　　② 为保证齿轮的啮合质量，需保证齿轮轴颈与滚动轴承相配轴颈的同轴精度，可以选择 $\phi 38$ 对 $2 \times \phi 35$ 轴颈公共轴线的径向圆跳动公差。 　　类比法，查表 2-3-12，选择径向圆跳动公差等级为 7 级；查表 2-3-13，径向圆跳动公差值为 0.020 mm。 　　③ 为保证 $\phi 38$ 轴肩的端面与齿轮端面的接触质量，需给出轴肩对公共基准轴线的轴向圆跳动公差。 　　类比法，查表 2-3-11，选择轴向圆跳动公差等级为 6 级（考虑轴肩易于加工，因此比 $\phi 38$ 轴颈径向圆跳动公差等级高 1 级）；查表 2-3-13，轴向圆跳动公差值为 0.012 mm。	$\phi 38r6\left(^{+0.050}_{+0.034}\right)$ Ⓔ； 径向 $t_{\nearrow} = 0.020$ mm； 轴向 $t_{\nearrow} = 0.012$ mm
	3. $\phi 25j6\left(^{+0.005}_{-0.008}\right)$： 　　① 为保证指定的配合性质，与联轴器孔配合的轴采用包容要求； 　　② 类比法，查表 2-3-12，选择 $\phi 25j6$ 轴颈对 $2 \times \phi 35$ 轴颈公共轴线的径向圆跳动公差等级为 7 级；查表 2-2-13，径向圆跳动公差值为 0.015 mm。	$\phi 25j6\left(^{+0.005}_{-0.008}\right)$ Ⓔ； 径向 $t_{\nearrow} = 0.015$ mm
	4. $10N9\left(^{0}_{-0.036}\right)$： 　　键槽对轴线的对称度公差等级可按 GB/T 1184—1996《形状和位置公差 未注公差值》确定，一般取 7～9 级，这里取 8 级；查表 2-3-13，主参数是键宽 b，对称度公差值为 0.015 mm。 　　**注**：键槽的对称度公差，应以键槽轴颈的轴线为基准。	$t_{=} = 0.015$ mm

设计内容	设计过程说明	结果
二、几何精度设计	5. $8N9\left(^{0}_{-0.036}\right)$： 　　键槽对轴线的对称度公差等级选择 8 级，查表 2-3-13，对称度公差值为 0.015 mm。	$t_{=} = 0.015$ mm
	6. 其他公差原则按 GB/T 4249，独立原则给出。	其他公差原则按 GB/T 4249
	7. 未注几何公差按 GB/T 1184—K 给出。	未注几何公差按 GB/T 1184—K
三、表面粗糙度轮廓设计	1. $2\times\phi 35j6\left(^{+0.011}_{-0.005}\right)$： 　　与轴承内圈孔相配合的轴颈，其表面粗糙度轮廓可以根据相配的滚动轴承来选择。查表 2-3-24： 　　$2\times\phi 35j6$ 轴颈表面粗糙度轮廓 Ra 0.8； 　　$\phi 35$ 轴肩的端面表面粗糙度轮廓 Ra 3.2。	轴颈 Ra 0.8； 轴肩端面 Ra 3.2
	2. $\phi 38r6\left(^{+0.050}_{+0.034}\right)$： 　　与齿轮内孔相配合的轴颈，其表面粗糙度轮廓可以根据齿轮坯基准面的要求来选择。查表 2-3-22： 　　$\phi 38r6$ 轴颈表面粗糙度轮廓 Ra 0.8； 　　$\phi 38$ 轴肩的端面表面粗糙度轮廓 Ra 1.6。	轴颈 Ra 0.8； 轴肩端面 Ra 1.6
	3. $\phi 25j6\left(^{+0.005}_{-0.008}\right)$： 　　与联轴器孔配合的轴颈，可以查阅减速器相关零件表面粗糙度轮廓推荐值表。查表 2-3-21，选择 $\phi 25$ 轴颈表面粗糙度轮廓 Ra 1.6。	轴颈 Ra 1.6
	4. $10N9\left(^{0}_{-0.036}\right)$： 　　轴键槽表面粗糙度轮廓可以查阅减速器相关零件表面粗糙度轮廓推荐值表。查表 2-3-21，轴键槽侧面选择 Ra 3.2，底面选择 Ra 6.3。	轴键槽侧面 Ra 3.2； 轴键槽底面 Ra 6.3
	5. $8N9\left(^{0}_{-0.036}\right)$： 　　查表 2-3-21，轴键槽侧面选择 Ra 3.2，底面选择 Ra 6.3。	轴键槽侧面 Ra 3.2； 轴键槽底面 Ra 6.3
	6. $\phi 30$ 轴颈： 　　该段轴颈为毡圈密封，圆周速度 $v = \pi dn/(60\times1000) = 3.14\times30\times128.5/(60\times1000)$ $= 0.20$ m/s， 查表 2-3-21，选择 Ra 1.6。	轴颈 Ra 1.6
	7. 其他 Ra 25。	其他 Ra 25

（4）减速器输出轴零件图

精度设计完成后的减速器输出轴零件图见图 2-2-1。

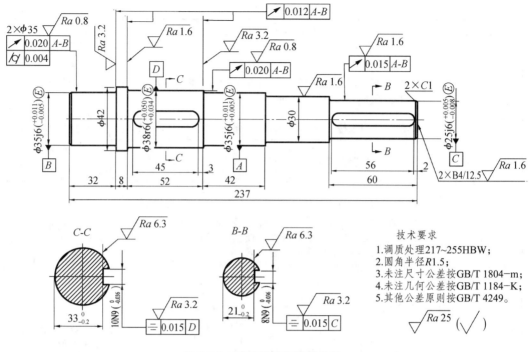

图 2-2-1 减速器输出轴零件图

B. 减速器大齿轮精度设计

（1）减速器大齿轮设计内容：

① 确定大齿轮的精度等级；

② 选择检验项目，确定各允许值或极限偏差；

③ 选择并计算齿厚偏差或公法线长度偏差；

④ 确定大齿轮的齿坯公差；

⑤ 确定与平键配合处的尺寸公差、几何公差和表面粗糙度轮廓；

⑥ 确定未注的尺寸公差、几何公差和其他表面的表面粗糙度轮廓。

（2）减速器大齿轮的主要几何要素列表：

需精度设计的减速器大齿轮的主要几何要素与其相配件见表 2-2-3。

表 2-2-3 减速器大齿轮的主要几何要素与其相配件

几何要素	相配件	设计特点
齿轮齿面	齿轮	设计、计算，并查阅相关齿轮公差标准
齿轮内孔	传动轴轴颈外圆	查阅齿坯公差的相关表格
齿轮端面	传动轴轴颈轴肩或轴套端面	查阅齿坯公差的相关表格
齿顶圆		查阅齿坯公差的相关表格
键槽	键	查阅平键联结相关公差标准

表 2-2-3 中需要注意的是，在齿顶圆柱面是否作为测量齿厚的基准面的不同情形下，齿顶圆尺寸公差和几何公差的要求是不同的。

（3）减速器大齿轮精度设计说明书：

减速器大齿轮的主要几何要素的精度设计内容、设计过程说明、结果见表 2-2-4。

表 2-2-4 减速器大齿轮的主要几何要素精度设计内容、设计过程说明及结果

设计内容	设计过程说明	结果
一、确定齿轮精度等级	1. 小齿轮分度圆直径 d_1： $\quad d_1 = m_n z_1 / \cos\beta = 2.5 \times 20 / \cos 9°8'20''$ $\quad\quad = 50.64$ mm 2. 大齿轮分度圆直径 d_2： $\quad d_2 = m_n z_2 / \cos\beta = 2.5 \times 89 / \cos 9°8'20''$ $\quad\quad = 225.36$ mm 3. 公称中心距 a： $\quad a = (d_1 + d_2)/2 = (50.64 + 225.36)/2 = 138$ mm 4. 齿轮圆周速度 v： $\quad v = \pi n_1 d_1 = 3.1416 \times 572 \times 50.64 / (60 \times 1000)$ $\quad\quad = 1.52$ m/s 5. 减速器中大齿轮精度等级初选： $\quad$查表 2-3-25，通用减速器 6~8 级。 6. 大齿轮精度等级： $\quad$查表 2-3-26，减速器中的一般齿轮，主要考虑平稳性精度等级，参考圆周速度 v，确定齿轮传递运动准确性、传动平稳性、轮齿载荷分布均匀性精度等级分别为 8 级、8 级、7 级，即 8—8—7 GB/T 10095.1—2008。	$d_2 = 225.36$ mm； $a = 138$ mm； 8—8—7 GB/T 10095.1—2008
二、确定齿轮的强制性检测精度指标	$\quad$查表 2-3-27，根据法向模数 $m_n = 2.5$ mm，齿轮分度圆直径 $d_2 = 225.36$ mm，齿宽 $b_2 = 55$ mm，最高精度等级 7 级，得 $\quad$齿距累积总偏差允许值 $F_p = 70$ μm； $\quad$单个齿距偏差允许值 $\pm f_{pt} = \pm 18$ μm； $\quad$齿廓总偏差允许值 $F_\alpha = 25$ μm； $\quad$螺旋线总偏差允许值 $F_\beta = 21$ μm。	$F_p = 70$ μm； $\pm f_{pt} = \pm 18$ μm； $F_\alpha = 25$ μm； $F_\beta = 21$ μm
三、确定公称齿厚及其极限偏差（注：如果采用公法线长度偏差作为侧隙指标，则不必计算 h_c 和 s_{nc}）	1. 分度圆上的公称弦齿高 h_c、公称弦齿厚 s_{nc}： ① 斜齿轮的当量齿数 z_v： $\quad z_v = z_2 / \cos^3\beta = 89 / \cos^3 9°8'20'' = 92.47$ ② 分度圆上的公称弦齿高 h_c： $\quad h_c = m_n + z_v m_n [1 - \cos(90°/z_v)]/2$ $\quad\quad = 2.5 + 92.47 \times 2.5 \times [1 - \cos(90°/92.47)]/2$ $\quad\quad = 2.52$ mm ③ 分度圆上的公称弦齿厚 s_{nc}： $\quad s_{nc} = m_n z_v \sin(90°/z_v)$ $\quad\quad = 2.5 \times 92.47 \times \sin(90°/92.47)$ $\quad\quad = 3.93$ mm	斜齿轮的公称弦齿厚、公称弦齿高应在法向平面内计算、测量： $s_{nc} = 3.93$ mm； $h_c = 2.52$ mm

续表

设计内容	设计过程说明	结果
三、确定公称齿厚及其极限偏差（注：如果采用公法线长度偏差作为侧隙指标，则不必计算 h_c 和 s_{nc}）	2. 大齿轮齿厚上偏差 E_{sns2}： ① 确定齿轮副所需的最小法向侧隙 $j_{bn\,min}$： 计算补偿热变形所需的侧隙 j_{bn1}： $j_{bn1}=a(\alpha_1\Delta t_1-\alpha_2\Delta t_2)\times 2\sin\alpha_n$ $=138\times(11.5\times10^{-6}\times25-10.5\times10^{-6}\times10)\times2\times\sin20°$ $=0.017$ mm 选择保证正常润滑所需的侧隙 j_{bn2}： 查表 2-3-28，油池润滑，选择 $j_{bn2}=0.01m_n=0.01\times2.5=0.025$ mm 因此最小法向侧隙 $j_{bn\,min}=j_{bn1}+j_{bn2}=0.017+0.025=0.042$ mm ② 确定补偿齿轮和箱体的制造误差、安装误差所引起的侧隙减小量 J_{bn}： 根据装配图和相应齿轮轴零件图，相应齿轮轴上轴承跨距（两轴承中心之间的距离）$L=117$ mm， $J_{bn}=\sqrt{1.76f_{pt}^2+[2+(\sin^2\alpha_n+0.25\cos^2\alpha_n)(L/b)^2]F_\beta^2}$ $=\sqrt{1.76f_{pt}^2+[2+0.34(L/b)^2]F_\beta^2}$ $=\sqrt{1.76\times18^2+[2+0.34(117/55)^2]\times21^2}$ $=46$ μm ③ 中心距极限偏差 f_a： 查表 2-3-30，根据 $a=138$ mm，中心距极限偏差 $\pm f_a=\pm31.5$ μm。 ④ 大齿轮齿厚上偏差 E_{sns2}： 令大、小齿轮齿厚上极限偏差相同， $E_{sns2}=-[(j_{bn\,min}+J_{bn})/(2\cos\alpha_n)+f_a\tan\alpha_n]$ $=-[(42+46)/(2\cos20°)+31.5\times\tan20°]$ $=-58$ μm 注：如果工作温度、润滑等条件不明确，也可以查表 2-3-29。此方法获得的 $j_{bn\,min}$ 包含了式中的 $j_{bn\,min}+J_{bn}$。	$a\pm f_a=138\pm0.0315$ mm； $j_{bn\,min}=0.042$ mm
	3. 大齿轮齿厚下偏差 E_{sni2}： ① 计算大齿轮齿厚公差 T_{sn2}： 确定大齿轮径向跳动允许值 F_r： 根据 $d_2=225.36$ mm，$m_n=2.5$ mm，查表 2-3-31 得 $F_r=56$ μm； 确定切齿时的径向进刀公差 b_r： 查表 2-3-1，得 IT9 $=115$ μm， 查表 2-3-32，得 $b_r=1.26$IT9$=1.26\times115=145$ μm； 计算大齿轮齿厚公差 T_{sn2}： $T_{sn2}=2\sqrt{b_r^2+F_r^2}\tan\alpha_n$ $=2\sqrt{145^2+56^2}\times\tan20°$ $=113$ μm ② 大齿轮齿厚下偏差 E_{sni2}： $E_{sni2}=E_{sns2}-T_{sn2}=(-58)-113=-171$ μm	大齿轮齿厚及极限偏差： $s_{nc}\,^{+E_{sns}}_{+E_{sni}}=3.93^{-0.058}_{-0.171}$ mm

设计内容	设计过程说明	结果
四、确定公法线长度及其极限偏差	1. 公法线长度 W_n： $m_n = 2.5$ mm，对于中小模数的齿轮，选择公法线长度作为侧隙评定指标比较合适。测量公法线长度较为方便，且测量精度较高，因此本例采用公法线长度偏差作为侧隙指标。非变位齿轮，$x_n = 0$。 $W_n = m_n \cos \alpha_n [\pi(k-0.5) + z_2 \mathrm{inv}\, \alpha_t + 2x_n \tan \alpha_n]$ $\quad = m_n \cos \alpha_n [\pi(k-0.5) + z_2 \mathrm{inv}\, \alpha_t]$ ① 参数准备： 斜齿轮的端面压力角 α_t： $\quad \alpha_t = \arctan(\tan \alpha_n / \cos \beta)$ $\quad\quad = \arctan(\tan 20°/\cos 9°8'20'')$ $\quad\quad = 20°14'48''$ 渐开线函数 $\mathrm{inv}\, \alpha_t$： $\quad \mathrm{inv}\, \alpha_t = \mathrm{inv}\, 20°14'48'' = 0.015483$ 斜齿轮当量齿数 z_v： $\quad z_v = z_2/\cos^3 \beta = 89/\cos^3 9°8'20'' = 92.47$ 跨齿数 k： $\quad k = z_v \alpha_n/180° + 0.5 + 2x_n \cot(\alpha_n/\pi)$ $\quad\quad = z_v \alpha_n/180° + 0.5 + 2 \times 0 \times \cot(\alpha_n/3.1416)$ $\quad\quad = 92.47 \times 20°/180° + 0.5$ $\quad\quad = 10.77$ 取 $k = 11$。 ② 计算公法线长度 W_n： $\quad W_n = m_n \cos \alpha_n [\pi(k-0.5) + z_2 \mathrm{inv}\, \alpha_t]$ $\quad\quad = 3\cos 20°[3.1416 \times (11-0.5) + 89 \times 0.015483]$ $\quad\quad = 96.877$mm ③ 判断是否可以采用公法线长度偏差作为侧隙指标： 当斜齿轮的齿宽 $b > 1.015 W_n \sin \beta_b$（$\beta_b$ 为基圆螺旋角）时，才能采用公法线长度偏差作为侧隙指标。 $\quad \beta_b = \arctan(\tan \beta \cos \alpha_t)$ $\quad\quad = \arctan(\tan 9°8'20'' \times \cos 20°14'48'')$ $\quad\quad = 8°34'59''$ $\quad 1.015 W_n \sin \beta_b = 1.015 \times 96.877 \times \sin 8°34'59''$ $\quad\quad\quad\quad\quad = 14.67$ mm $b = 55$ mm > 14.67 mm，可以采用公法线长度偏差作为侧隙指标。	$W_n = 96.877$ mm
	2. 公法线长度上偏差 E_{ws}、下偏差 E_{wi}： $\quad E_{ws} = E_{sns} \cos \alpha_n - 0.72 F_r \sin \alpha_n$ $\quad\quad = (-58 \times \cos 20°) - 0.72 \times 56 \times \sin 20°$ $\quad\quad = -68 \ \mu m$ $\quad E_{wi} = E_{sni} \cos \alpha_n + 0.72 F_r \sin \alpha_n$ $\quad\quad = (-171 \times \cos 20°) + 0.72 \times 56 \times \sin 20°$ $\quad\quad = -147 \ \mu m$	$W_n{}^{+E_{ws}}_{+E_{wi}} = 96.877^{-0.068}_{-0.147}$ mm

续表

设计内容	设计过程说明	结果
五、齿坯公差	1. $\phi 38$ 孔： ① 公差原则： 　与传动轴齿轮轴颈配合，采用基孔制，为保证指定的配合要求，采用包容要求。 ② 尺寸公差： 　查表 2-3-17，$\phi 38$ 孔为 IT7，查表 2-3-1，IT7 = 25 μm，即 　$\phi 38H7\left(^{+0.025}_{\quad 0}\right)$ Ⓔ	$\phi 38H7\left(^{+0.025}_{\quad 0}\right)$ Ⓔ
	2. 齿顶圆： ① 齿顶圆直径 d_a： 　$d_a = (z_2 + 2\cos\beta)\, m_n / \cos\beta$ 　$= (89 + 2\cos 9°8'20'') \times 2.5 / \cos 9°8'20''$ 　$= 230.36$ mm ② 尺寸公差： 　查表 2-3-17，齿顶圆不作为测量齿厚的基准面时，取 IT11，但不得超过 $0.1 m_n$。 　查表 2-3-1，IT11 = 0.29 mm； 　IT11 > $0.1 m_n = 0.25$ mm，取公差值 0.25 mm，即 　$\phi 230.36\left(^{\quad 0}_{-0.25}\right)$	$\phi 230.36\left(^{\quad 0}_{-0.25}\right)$
	3. 齿轮两端面对 $\phi 38$ 基准孔的轴向圆跳动公差 $t_{\swarrow}$： 　一般把和轴肩或轴套接触的齿轮端面作为齿轮基准端面。当齿轮孔宽度大于齿轮宽度，有专门的基准端面时，可取此端面的直径作为基准端面直径。当齿轮孔宽度与齿轮宽度相同时，理论上可取略大于相配合的轴肩直径或轴套直径为指标，但应该在零件图和检测方法里指明检测直径范围；也可取齿根圆直径为指标，同样能满足设计要求。 　查表 2-3-17，根据基准端面直径 $D_d = 219$ mm、齿宽 $b = 55$ mm 和 $F_\beta = 0.021$ mm，得 　$t_{\swarrow} = 0.2(D_d / b) F_\beta$ 　$= 0.2 \times (219/55) \times 0.021$ 　$= 0.017$ mm	$t_{\swarrow} = 0.017$ mm
	4. 键槽 $b \times h = 10 \times 8$： ① 键槽宽度尺寸公差： 　查表 2-3-6，正常联结，选择齿轮键槽 JS9，即 10JS9（±0.018）。 ② 键槽深度尺寸及公差： 　查表 2-3-7，选择齿轮键槽槽底至对侧母线距离（$d+t_2$）为标注尺寸，公差按 t_2 的公差选取，极限偏差按基准孔方式标注，$d+t_2 = 41.3^{+0.2}_{\quad 0}$ mm。 ③ 键槽侧面对基准孔轴线的对称度公差： 　键槽侧面对基准孔轴线的对称度公差等级，可以按 GB/T 1184—1996《形状和位置公差 未注公差值》取为 7~9 级，这里选择 8 级， 　查表 2-3-13，对称度公差 $t_{\equiv} = 0.015$ mm。	10JS9（±0.018）； $d+t_2 = 41.3^{+0.2}_{\quad 0}$ mm； $t_{\equiv} = 0.015$ mm

设计内容	设计过程说明	结果
六、表面粗糙度轮廓	查表 2-3-22，可以选择齿轮齿面和齿坯基准面的推荐表面粗糙度轮廓值。 　　① 齿面按齿轮 7 级精度来选取，选择表面粗糙度轮廓 Ra 1.25； 　　② 基准孔按齿轮 7 级精度来选取，选择表面粗糙度轮廓 Ra 1.6； 　　③ 端面按齿轮 8 级精度来选取，选择表面粗糙度轮廓 Ra 3.2； 　　④ 齿顶圆按齿轮 8 级精度来选取，选择表面粗糙度轮廓 Ra 3.2； 　　⑤ 平键键槽的两侧面的表面粗糙度轮廓 Ra 的上限值一般取为 1.6 ~ 3.2 μm，键槽底面 Ra 的上限值一般取为 6.3 ~ 12.5 μm。 　　这里选择两侧面取 Ra 3.2，槽底面取 Ra 6.3。	齿面 Ra 1.25； 基准孔 Ra 1.6； 端面 Ra 3.2； 齿顶圆 Ra 3.2； 键槽侧面 Ra 3.2； 键槽底面 Ra 6.3
七、其他	对于其他的次要表面的尺寸公差、几何公差和表面粗糙度轮廓，可依据类比法按未注要求给出。 　　未注公差尺寸按 GB/T 1804-m； 　　公差原则按 GB/T 4229； 　　未注几何公差按 GB/T 1184-K； 　　未注粗糙度为 Ra 25。	未注公差尺寸按 GB/T 1804-m； 公差原则按 GB/T 4229； 未注几何公差按 GB/T 1184-K； 未注粗糙度为 Ra 25

（4）减速器大齿轮零件图

精度设计完成后的减速器大齿轮零件图见图 2-2-2。

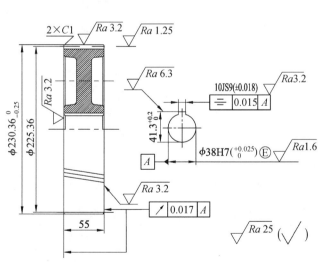

法向模数 m_n	2.5
齿数 z_2	89
标准压力角 $\alpha_n = 20°$	GB/T 1356-2001
变位系数 x_2	0
螺旋角 β 及方向	9°8'20" 右旋
精度等级	8-8-7 GB/T 10095.1-2008
齿距累积总偏差允许值 F_p	0.070
单个齿距偏差允许值 $\pm f_{pt}$	±0.018
齿廓总偏差允许值 F_a	0.025
螺旋线总偏差允许值 F_β	0.021
公法线长度　跨齿数 k	11
公法线长度　公称值及极限偏差 $W_n + {}^{+E_{ws}}_{+E_{wi}}$	$96.877^{-0.068}_{-0.147}$
配偶齿轮的齿数 z_1	20
中心距及极限偏差 $a \pm f_a$	138±0.0315

技术要求
1. 正火处理190~210HBW；
2. 未注明倒角C2，圆角R5；
3. 起模斜度1:10；
4. 未注公差尺寸按GB/T 1804-m；
5. 公差原则按GB/T 4249；
6. 未注几何公差按GB/T 1184-K。

图 2-2-2　减速器大齿轮零件图

C. 减速器机座精度设计

（1）减速器机座设计内容：

① 确定机座与滚动轴承相配合处的尺寸公差、几何公差和表面粗糙度轮廓；

② 确定机座与轴承端盖相配合处的平面、螺钉孔的尺寸公差、几何公差和表面粗糙度轮廓；

③ 确定机座两轴承孔轴线的中心距及其极限偏差；

④ 确定机座与箱盖配合处的平面、螺栓孔等的尺寸公差、几何公差和表面粗糙度轮廓；

⑤ 确定未注的尺寸公差、几何公差和其他表面的表面粗糙度轮廓。

（2）减速器机座的主要几何要素列表：

需精度设计的减速器机座的主要几何要素与其相配件见表 2-2-5。

表 2-2-5　减速器机座的主要几何要素与其相配件

几何要素	相配件	设计特点
2×φ72 孔	轴承外圈外圆	查阅滚动轴承相配轴承座孔的相关表格或减速器箱体相关经验表格
2×φ62 孔	轴承外圈外圆	查阅滚动轴承相配轴承座孔的相关表格或减速器箱体相关经验表格
φ72 与 φ62 孔中心距 138	齿轮中心距	查阅齿轮的相关表格或减速器箱体相关经验表格
上结合面	减速器上盖	查阅一般平面接合的相关表格或减速器箱体相关经验表格
两处 6×M8 螺钉孔位置度	螺钉	查阅通用公差与配合的相关表格或减速器箱体相关经验表格
2×φ11，6×φ13，8 个螺栓通孔位置度	螺栓	查阅通用公差与配合的相关表格或减速器箱体相关经验表格

（3）减速器机座精度设计说明书：

减速器机座的主要几何要素精度设计内容、设计过程说明、结果见表 2-2-6。

表 2-2-6　减速器机座的主要几何要素精度设计内容、设计过程说明及结果

设计内容	设计过程说明	结果
一、尺寸精度设计	1. 2×φ72mm 孔： 本例的减速器属于一般机械，轴的转速不高，选用 0 级滚子轴承。 查表 2-3-5，固定的外圈负荷，选择 J7，得 $\phi 72J7\left(^{+0.018}_{-0.012}\right)$	$\phi 72J7\left(^{+0.018}_{-0.012}\right)$

设计内容	设计过程说明	结果
一、尺寸精度设计	2. $2\times\phi\,62\text{mm}$ 孔： 同上，选用 0 级滚子轴承。 查表 2-3-5，固定的外圈负荷、冲击负荷，选择 J7，得 $\phi\,62\text{J7}\left(^{+0.018}_{-0.012}\right)$	$\phi\,62\text{J7}\left(^{+0.018}_{-0.012}\right)$
	3. 中心距 $a=138\text{mm}$： 查表 2-3-30，齿轮副中心距极限偏差 $\pm f_a=\pm31.5\ \mu\text{m}$， $a\pm f_a=138\pm0.0315\ \text{mm}$。	$a\pm f_a=138\pm0.0315\ \text{mm}$
	4. 未注尺寸精度： 加工表面的未注尺寸公差按 GB/T 1804-m； 毛坯表面按铸造尺寸精度。	未注尺寸公差按 GB/T 1804-m； 毛坯表面按铸造尺寸精度
二、几何精度设计	1. $2\times\phi\,72\text{J7}\left(^{+0.018}_{-0.012}\right)$： ① 公差原则： 为保证指定的配合性质，与轴承外圈外圆的配合采用包容要求 Ⓔ。 ② 内孔圆柱度公差 $t_{/\!\!/}$： 为保证箱体与轴承的配合的均匀性及对中性，一般应给出圆柱度公差。 查表 2-3-16，圆柱度公差 $t_{/\!\!/}=0.008\ \text{mm}$。 ③ $2\times\phi\,72$ 孔轴线对其公共轴线的同轴度公差 $t_{\circledcirc}$： 为保证轴承孔、轴承和传动轴之间的配合质量，以及工作时载荷分布的均匀性，同轴度公差采用零几何公差的最大实体要求，且基准也采用最大实体要求，即 $t_{\circledcirc}=\phi\,0\,Ⓜ$。 ④ 外端面对孔轴线的垂直度公差 $t_{\perp}$： 为保证轴承盖与轴承外圈的接合质量，以及轴承的轴向受载的均匀性，应给出外端面对孔轴线的垂直度公差。 查表 2-3-10 或表 2-3-19，选择外端面对孔轴线的垂直度公差 8 级； 查表 2-3-13，根据公称尺寸 $\phi\,110\ \text{mm}$，选择垂直度公差 $t_{\perp}=0.08\ \text{mm}$。	$2\times\phi\,72\text{J7}\left(^{+0.018}_{-0.012}\right)$ Ⓔ； $t_{/\!\!/}=0.008\ \text{mm}$； $t_{\circledcirc}=\phi\,0\,Ⓜ$； 基准采用最大实体要求； $t_{\perp}=0.08\text{mm}$

续表

设计内容	设计过程说明	结果
二、几何精度设计	2. $2\times\phi 62\text{J}7\left(^{+0.018}_{-0.012}\right)$： 　① 公差原则： 　　为保证指定的配合性质，与轴承外圈外圆的配合采用包容要求ⓔ。 　② 内孔圆柱度公差 $t_{圆}$： 　　为保证箱体与轴承配合的均匀性及对中性，应给出圆柱度公差。 　　查表 2-3-16，$t_{圆}=0.008$ mm。 　③ $2\times\phi 62$ 孔轴线对其公共轴线的同轴度公差 $t_{◎}$： 　　同轴度公差同样采用零几何公差的最大实体要求，且基准也采用最大实体要求，$t_{◎}=\phi 0$ⓜ。 　④ 外端面对孔轴线的垂直度公差 $t_{\perp}$： 　　同样应给出外端面对孔轴线的垂直度公差。 　　查表 2-3-11 或表 2-3-19，选择外端面对孔轴线的垂直度公差 8 级； 　　查表 2-3-13，根据公称尺寸 $\phi 62$ mm，选择垂直度公差 $t_{\perp}=0.06$ mm。	$2\times\phi 62\text{J}7\left(^{+0.018}_{-0.012}\right)$ⓔ； $t_{圆}=0.008$ mm； $t_{◎}=\phi 0$ⓜ，基准采用最大实体要求； $t_{\perp}=0.06$ mm
	3. $2\times\phi 72$，$2\times\phi 62$ 轴线之间的平行度公差： 　　为保证轮齿载荷分布的均匀性和传动平稳性，应给出两轴承孔轴线之间的平行度公差。 　　根据装配图和齿轮轴零件图，相应齿轮轴上轴承跨距（两轴承中心之间的距离）$L=117$ mm； 　　大齿轮精度等级选择 8—8—7 GB/T 10095.1—2008，螺旋线总偏差 $F_{\beta}=0.021$ mm。 　　根据 GB/Z 18620.3—2002， 　① 垂直平面上的轴线平行度偏差 $f_{\Sigma\beta}$ 推荐最大值为 $f_{\Sigma\beta}=0.5(L/b)F_{\beta}$ $=0.5\times(117/55)\times0.021$ $=0.022$ mm 　② 轴线平面内的轴线平行度偏差 $f_{\Sigma\delta}$ 推荐最大值为 $f_{\Sigma\delta}=2f_{\Sigma\beta}=2\times0.022=0.044$ mm **注**：垂直平面上、轴线平面内的平行度误差对配合质量的影响程度不同，应该分别设计给定方向的平行度公差。	$f_{\Sigma\beta}=0.022$ mm； $f_{\Sigma\delta}=0.044$ mm
	4. 剖分面： 　　为保证箱体与箱盖接合后的密封性能，应给出箱体剖分面的平面度公差 $t_{\square}$。 　　查表 2-3-9 或表 2-3-19，平面度选择 7 级； 　　查表 2-3-13，根据平面总长 405 mm，选择平面度公差 $t_{\square}=0.04$ mm。	$t_{\square}=0.04$ mm

设计内容	设计过程说明	结果
二、几何精度设计	5. 两处 6×M8 螺钉孔位置公差： 　　轴承端盖与箱体装配时，采用 6×M8 螺钉紧固。为保证各螺钉能够自由装配，应给出螺钉孔对各轴承孔的位置度公差 $t_\oplus$，根据螺钉与通孔间的最小间隙确定。 　　查表 2-3-20 选中等装配，对于 M8 规格，$d_h = 9$ mm， 　　$t_\oplus = 0.5 X_{min} = 0.5 \times 1 = \phi 0.5$ mm， 　　查表 2-3-15，确定位置度公差 $t_\oplus = \phi 0.5$ mm。	$t_\oplus = \phi 0.5$ mm
	6. 2×ϕ11，6×ϕ13，8 个螺栓通孔位置度公差： 　　在加工过程中，箱盖与机座之间先通过 8 个螺栓紧固装配；铰 2×ϕ6 的锥销孔，插上锥销进行定位；加工轴承孔。 　　为保证各螺栓能够自由装配，这 8 个螺栓通孔可以作为孔组，给出无基准的位置度要求。 　　查表 2-3-20，选中等装配。 　　① 2×ϕ11 孔： 　　对应 M10 螺栓，$d_h = 11$ mm，$X_{min} = 1$ mm； 　　2 个螺栓通孔的位置度公差 $t_\oplus = X_{min} = \phi 1$ mm。 　　查表 2-3-15，位置度公差 $t_\oplus = \phi 1$ mm。 　　② 6×ϕ13 孔： 　　对应 M12 螺栓，$d_h = 13.5$ mm，调整为 $d_h = 13$ mm，螺栓通孔的最小间隙为 $X_{min} = 1$ mm； 　　6 个螺栓通孔的位置度公差 $t_\oplus = X_{min} = \phi 1$ mm。 　　查表 2-3-15，位置度公差 $t_\oplus = \phi 1$ mm。 　　综上，这 8 个螺栓通孔孔组的位置度公差 $t_\oplus = \phi 1$ mm。	孔组的无基准位置度公差 $t_\oplus = \phi 1$ mm
	7. 未注几何公差设计： 　　未注几何公差按 GB/T 1184-L。	未注几何公差按 GB/T 1184-L
三、表面粗糙度设计	1. 2×ϕ72，2×ϕ62 孔： 　　① 孔壁： 　　查表 2-3-24，选择孔壁表面粗糙度轮廓 Ra 3.2。 　　② 外端面： 　　查表 2-3-24，选择外端面表面粗糙度轮廓 Ra 3.2。	孔壁表面粗糙度轮廓 Ra 3.2； 外端面表面粗糙度轮廓 Ra 3.2
	2. 剖分面： 　　查表 2-3-23，选择剖分面表面粗糙度轮廓 Ra 3.2。	剖分面表面粗糙度轮廓 Ra 3.2
	3. 2×ϕ6 锥销孔： 　　圆锥销孔属于配作的定位孔，查表 2-3-23，选择表面粗糙度轮廓 Ra 1.6。	锥销孔表面粗糙度轮廓 Ra 1.6
	4. 6×ϕ13，4×ϕ17.5，2×ϕ11 螺栓孔： 　　螺栓孔属于紧固件的自由装配面，不要求定心和配合特性，查表 2-3-23，选择表面粗糙度轮廓 Ra 12.5。	螺栓孔表面粗糙度轮廓 Ra 12.5
	5. 底面： 　　属于与其他零件接合而无配合要求的表面，查表 2-3-23，选择表面粗糙度轮廓 Ra 6.3。	底面表面粗糙度轮廓 Ra 6.3

续表

设计内容	设计过程说明	结果
三、表面粗糙度设计	6. 卸油孔、油标尺孔： 　属于非配合面，查表 2-3-23，选择表面粗糙度轮廓 Ra 12.5。	卸油孔、油标尺孔表面粗糙度轮廓 Ra 12.5
	7. 倒角及其他表面： 　① 倒角： 　其他表面中未注明倒角，选择表面粗糙度轮廓 Ra 12.5。 　② 其他表面： 　其他表面属不加工表面，其表面粗糙度轮廓为不去除材料状态。	未注明倒角表面粗糙度轮廓 Ra 12.5；其他表面为不去除材料状态
	注：关于表面粗糙度轮廓的选择，以上设计结果并非唯一，设计时应该根据实际情况，考虑质量与工艺的侧重点、平衡点，选择合理的表面粗糙度轮廓值。	

（4）减速器机座零件图

精度设计完成后的减速器机座零件图见图 2-2-3。

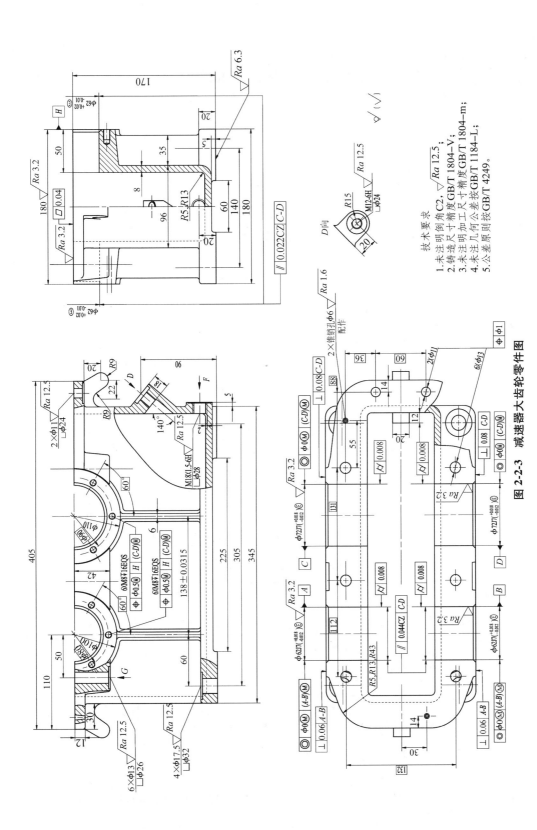

技术要求

1. 未注明倒角C2, $\sqrt{Ra\ 12.5}$;
2. 铸造尺寸精度GB/T 1804–V;
3. 未注明加工尺寸精度GB/T 1804–m;
4. 未注几何公差按GB/T 1184–L;
5. 公差原则按GB/T 4249。

图 2-2-3　减速器大齿轮零件图

3 机械精度设计常用设计参考资料

表 2-3-1　常用公称尺寸的标准公差数值（摘自 GB/T 1800.1—2020）

公称尺寸/ mm		标准公差等级																	
		IT1	IT2	IT3	IT4	IT5	IT6	IT7	IT8	IT9	IT10	IT11	IT12	IT13	IT14	IT15	IT16	IT17	IT18
大于	至	标准公差数值																	
		μm											mm						
−	3	0.8	1.2	2	3	4	6	10	14	25	40	60	0.1	0.14	0.25	0.4	0.6	1	1.4
3	6	1	1.5	2.5	4	5	8	12	18	30	48	75	0.12	0.18	0.3	0.48	0.75	1.2	1.8
6	10	1	1.5	2.5	4	6	9	15	22	36	58	90	0.15	0.22	0.36	0.58	0.9	1.5	2.2
10	18	1.2	2	3	5	8	11	18	27	43	70	110	0.18	0.27	0.43	0.7	1.1	1.8	2.7
18	30	1.5	2.5	4	6	9	13	21	33	52	84	130	0.21	0.33	0.52	0.84	1.3	2.1	3.3
30	50	1.5	2.5	4	7	11	16	25	39	62	100	160	0.25	0.39	0.62	1	1.6	2.5	3.9
50	80	2	3	5	8	13	19	30	46	74	120	190	0.3	0.46	0.74	1.2	1.9	3	4.6
80	120	2.5	4	6	10	15	22	35	54	87	140	220	0.35	0.54	0.87	1.4	2.2	3.5	5.4
120	180	3.5	5	8	12	18	25	40	63	100	160	250	0.4	0.63	1	1.6	2.5	4	6.3
180	250	4.5	7	10	14	20	29	46	72	115	185	290	0.46	0.72	1.15	1.85	2.9	4.6	7.2
250	315	6	8	12	16	23	32	52	81	130	210	320	0.52	0.81	1.3	2.1	3.2	5.2	8.1
315	400	7	9	13	18	25	36	57	89	140	230	360	0.57	0.89	1.4	2.3	3.6	5.7	8.9
400	500	8	10	15	20	27	40	63	97	155	250	400	0.63	0.97	1.55	2.5	4	6.3	9.7

表 2-3-2　配合尺寸 IT5 至 IT12 的应用场合

公差等级	应用场合
IT5	主要用于配合精度、几何精度要求较高的场合，一般在机床、发动机、仪表等重要部位应用。例如，与 5 级滚动轴承配合的箱体孔，与 6 级滚动轴承配合的机床主轴轴颈，机床尾座体孔与顶尖套筒的配合，主轴箱体孔与精密滑动轴承的配合，精密机械及高速机械中的轴颈，精密丝杠轴颈，发动机活塞销与活塞孔的配合、活塞销与连杆孔的配合等
IT6	用于配合均匀性要求较高的精密配合场合。例如，机床中与轴承配合的一般传动轴轴颈，与气门孔配合的导套，与齿轮、蜗轮、联轴器、带轮、凸轮孔配合的轴颈，机床丝杠轴颈，摇臂钻床立柱，机床夹具中导向件外径，6 级齿轮的基准孔，7、8 级齿轮的基准轴等
IT7	较高精度的重要配合，在一般机械制造中应用较为普遍。例如，联轴器、带轮、凸轮等的孔径，机床夹盘座孔，夹具中固定钻套、可换钻套孔，7、8 级齿轮基准孔，9、10 级齿轮基准轴等

公差等级	应用场合
IT8	在机械制造中属于中等精度,例如,轴承座衬套沿宽度方向尺寸,低精度齿轮基准孔与基准轴,通用机械中与滑动轴承配合的轴,重型机械或农业机械中某些较重要的零件
IT9、IT10	一般精度要求的配合,例如,键与键槽,空转带轮与轴,或精度要求较高的平键宽度与槽宽的配合
IT11、IT12	精度较低,适用于不重要的配合,或基本上没有什么配合要求的场合。例如,机床上法兰盘与止口,滑块与滑移齿轮,冲压加工的配合件等

表 2-3-3 各种配合的应用特点及实例(以基孔制为例)

配合代号	应用特点及实例
H/a H/b H/c	配合得到特别大的间隙,很少采用。主要用于工作条件较差、受力变形大的农业机械等,例如管道法兰连接,优先配合为 H11/c11,或采用 H12/b12;工作时温度高、热变形大的零件的配合,例如,在高温下工作的紧密配合的内燃机气门导杆与衬套的配合,采用较高等级的 H8/c7 配合
H/d	一般用于 IT7~IT11 级,适用于松的转动配合,如密封盖、滑轮、空转带轮等与轴的配合;也适用于大直径滑动轴承配合,如涡轮机、透平机、球磨机、轧辊成形和重型弯曲机以及其他重型机械中的一些滑动轴承。优先配合为 H9/d9,用于自由转动或只有滑动的配合,如活塞环和活塞环槽宽的配合
H/e	多用于 IT7~IT9 级,适用于要求有明显间隙、易于转动的支承配合,大跨距或多支点支承,以及高速重载的大尺寸轴与轴承的配合等,如涡轮发动机、大电动机的支承,以及内燃机主要轴承、凸轮轴轴承、摇臂轴承等的配合。推荐配合为 H8/e8,如张紧链轮与轴的配合
H/f	多用于 IT6~IT8 级的一般转动配合。当温度影响不大时,被广泛用于普通润滑油(或润滑脂)润滑的支承,如齿轮箱、小电动机、泵等的转轴与滑动轴承的配合,可采用 H7/f6
H/g	多用于 IT5~IT7 级,配合间隙很小,制造成本高,除很轻负荷的精密装置外,不推荐用于转动配合,最适合不回转的精密滑动配合,也用于插销等定位配合,如精密连杆、轴承、活塞及滑阀、连杆销等处的配合。优先配合为 H7/g6,如拖拉机曲轴和连杆大头孔的配合、凸轮机构中导杆与衬套的配合,精密机床的主轴与轴承、分度头轴颈与轴承的配合等
H/h	多用于 IT4~IT11 级,广泛用于无相对转动的零件,作为一般的定位配合。若无温度、变形影响,也用于精密滑动配合,如定心凸缘的配合、螺旋搅拌器轴和桨叶的配合、剖分式滑动轴承壳体的定位配合、起重机的链轮与轴的配合。车床尾座孔与顶尖套筒的配合为 H6/h5
H/js H/j	多用于 IT4~IT7 稍有间隙的过渡配合。用于要求间隙比 H/h 配合小并略有过盈的定位配合,加连接件可传递一定静载荷,可用木锤装配。如联轴器与轴、齿圈与轮毂的配合。滚动轴承外圈与轴承座孔的配合多用 JS7。推荐的配合为 H7/js6,用于较精确的定位,如齿圈与钢制轮辐的配合、齿轮与轴的配合
H/k	多用于 IT4~IT7,平均间隙接近于零的配合,加连接件可传递一定的载荷,一般用木锤装配。例如,滚动轴承的内、外圈分别与轴颈、轴承座孔的配合

续表

配合代号	应用特点及实例
H/m	多用于 IT4~IT7，平均具有很小过盈的配合。用于精密定位的配合，例如，蜗轮的青铜轮缘与轮毂的配合为 H7/m6。一般用木锤装配，但在最大过盈时，要求相当的压入力，如发动机活塞与活塞销的配合
H/n	多用于 IT4~IT7，平均过盈比 H/m 配合稍大，通常用于精确定位或紧密组件配合，加键能传递大扭矩或冲击性载荷，一般大修时才拆，用锤或压力机装配。优先配合为 H7/n6，如压力机上齿轮的孔与轴的配合、定位销与销孔的配合、内燃机气门衬套与气缸盖的配合
H/p	为小过盈配合，与 H6 或 H7 孔形成过盈配合，与 H8 孔形成过渡配合。碳钢和铸铁零件形成的配合为标准压入配合。优先配合为 H7/p6，如卷扬机绳轮的轮毂与齿圈的配合
H/r	用于传递大转矩或受冲击负荷而需要加键的配合，定位精度很高、零件有足够刚性、受冲击载荷的定位配合。对非铁制零件为轻打入的配合，对钢、铸铁或铜、钢组件装配是标准压入配合，如蜗轮孔与轴的配合为 H7/r6。另外，配合 H8/r7 在公称尺寸小于 100 mm 时，为过渡配合
H/s	为中型过盈配合，多用于 IT6、IT7 级，它用于钢和铁制零件的永久性和半永久性接合，可产生相当大的接合力，一般用压力机装配，如铸铁轮与轴的配合、柱、销、轴、套等压入孔中的配合，也有用冷轴或热套法装配的，套环压在轴、阀座上用 H7/s6 的配合
H/t	用于钢和铸铁零件的永久性接合，不用键就能传递转矩，需用热套法或冷轴法装配，例如联轴器与轴的配合为 H7/t6，空气压缩机连杆小头与衬套的配合、内燃机气门座圈与气缸盖配合为 H6/t5
H/u	为大过盈配合，最大过盈需验算材料的承受能力。通常采用冷轴或热套法装配以保证过盈量均匀，如火车车轮轮箍与轮芯、轮芯与车轴都采用优先配合 H7/u6
H/v H/x H/y H/z	为特大过盈配合。采用这样的配合要慎重，必须经试验后才能应用，一般不推荐

表 2-3-4　向心轴承和轴的配合——轴公差带（摘自 GB/T 275—2015）

载荷情况		举例	深沟球轴承、调心球轴承和角接触球轴承	圆柱滚子轴承和圆锥滚子轴承	调心滚子轴承	公差带
			轴承公称内径/mm			
内圈承受旋转载荷或方向不定载荷	轻载荷	输送机、轻载齿轮箱	≤18 >18~100 >100~200 —	— ≤40 >40~140 >140~200	— ≤40 >40~100 >100~200	h5 j6[1] k6[1] m6[1]
	正常载荷	一般通用机械、电动机、泵、内燃机、正齿轮传动装置	≤18 >18~100 >100~140 >140~200 >200~280 —	— ≤40 >40~100 >100~140 >140~200 >200~400	— ≤40 >40~65 >65~100 >100~140 >140~280 >280~500	j5 js5 k5[2] m5[2] m6 n6 p6 r6
	重载荷	铁路机车车辆轴箱、牵引电机、破碎机等	—	>50~140 >140~200 >200	>50~100 >100~140 >140~200 >200	n6[3] p6[3] r6[3] r7[3]
内圈承受固定载荷	所有载荷	内圈需在轴向易移动	非旋转轴上的各种轮子	所有尺寸		f6 g6
		内圈不需在轴向易移动	张紧轮、绳轮			h6 j6
仅有轴向负荷			所有尺寸			j6、js6

注：① 凡对精度有较高要求的场合，应用 j5、k5、m5 代替 j6、k6、m6；
② 圆锥滚子轴承、角接触球轴承配合对游隙影响不大，可用 k6、m6 代替 k5、m5；
③ 重载荷下轴承游隙应选大于 N 组。

表 2-3-5　向心轴承和轴承座孔的配合——孔公差带（摘自 GB/T275—2015）

载荷情况		举例	其他状况	公差带①	
				球轴承	滚子轴承
外圈承受固定载荷	轻、正常、重	一般机械、铁路机车车辆轴箱	轴向易移动，可采用剖分式轴承座	H7、G7②	
	冲击		轴向能移动，可采用整体或剖分式轴承座	J7、JS7	
方向不定载荷	轻、正常	电机、泵、曲轴主轴承		K7	
	正常、重		轴向不移动，采用整体式轴承座		
	重、冲击	牵引电机		M7	
外圈承受旋转载荷	轻	皮带张紧轮		J7	K7
	正常	轮毂轴承		M7	N7
	重			—	N7、P7

注：① 并列公差带随尺寸的增大从左至右选择，对旋转精度有较高要求时，可相应提高一个公差等级；

② 不适用于剖分式轴承座。

表 2-3-6　平键联结的配合及应用

配合种类	尺寸 b 的公差带			配合性质及应用场合
	键	轴键槽	轮毂键槽	
松联结		H9	D10	用于导向平键，轮毂可在轴上移动
正常联结	h8	N9	JS9	键在轴键槽中和轮毂键槽中均固定，用于载荷不大的场合
紧密联结		P9	P9	键在轴键槽中和轮毂键槽中均牢固固定，用于载荷较大、有冲击和双向扭矩的场合

表 2-3-7　普通平键键槽的尺寸与公差（摘编自 GB/T 1095—2003）

mm

键尺寸 $b \times h$	键槽									
	宽度 b						深度			
	基本尺寸	极限偏差					轴 t_1		毂 t_2	
		正常联结		紧密联结	松联结		基本尺寸	极限偏差	基本尺寸	极限偏差
		轴 N9	毂 JS9	轴和毂 P9	轴 H9	毂 D10				
4×4 5×5 6×6	4 5 6	0 -0.030	±0.015	-0.012 -0.042	+0.030 0	+0.078 +0.030	2.5 3.0 3.5	+0.1 0	1.8 2.3 2.8	+0.1 0

键尺寸 b×h	键槽									
	宽度 b						深度			
	基本尺寸	极限偏差					轴 t_1		毂 t_2	
		正常联结		紧密联结	松联结		基本尺寸	极限偏差	基本尺寸	极限偏差
		轴 N9	毂 JS9	轴和毂 P9	轴 H9	毂 D10				
8×7 10×8	8 10	0 −0.036	±0.018	−0.015 −0.051	+0.036 0	+0.098 +0.040	4.0 5.0	+0.2 0	3.3 3.3	+0.2 0
12×8 14×9 16×10 18×11	12 14 16 18	0 −0.043	±0.0215	−0.018 −0.061	+0.043 0	+0.120 +0.050	5.0 5.5 6.0 7.0		3.3 3.8 4.3 4.4	

表 2-3-8　联轴器孔与轴的配合

直径 d/mm	6~30	>30~50	>50
配合代号	H7/j6	H7/k6	H7/m6

注：① 重载、正反转、冲击、振动等情况采用 H6/r6 或 H7/n6 为宜；
　　② 联轴器孔与电机或减速器轴的配合选用 H7/r6 或 H7/n6 时，孔按配置偏差加工。

表 2-3-9　直线度、平面度公差等级的应用示例

公差等级	应用示例
5	1级平板，2级宽平尺，平面磨床的纵导轨、垂直导轨、立柱导轨及工作台，液压龙门刨床和六角车床床身导轨，柴油机进气、排气阀门导杆等
6	普通机床导轨，如普通车床、龙门刨床、滚齿机、自动车床等的床身导轨和立柱导轨，柴油机机体结合面等
7	2级平板，0.02 游标卡尺尺身的直线度，机床主轴箱，滚齿机床身导轨的直线度，摇臂钻床底座工作台，镗床工作台，液压泵盖的平面度，压力机导轨及滑块等
8	2级平板，机床传动箱体，交换齿轮箱体，车床溜板箱体，内燃机连杆分离面的平面度，汽车发动机缸盖与缸体结合面，气缸座，液压管件和法兰连接面，减速器壳体的结合面等
9	3级平板，机床溜板箱，立钻工作台，螺纹磨床的挂轮架，金相显微镜的载物台，柴油机缸体连杆的分离面，缸盖的结合面，阀片的平面度，空气压缩机缸体，摩托车曲轴箱体，汽车变速箱壳体，柴油机缸孔环面的平面度以及辅助机构及手动机械的支撑面等
10	3级平板，自动车床床身底面的平面度，车床交换齿轮架的平面度，柴油机缸体，摩托车发动机的曲轴箱体，汽车变速器的壳体与汽车发动机缸盖结合面，阀片的平面度，以及液压管件和法兰的连接面等
11，12	易变形的薄片零件，例如离合器的摩擦片、汽车发动机缸盖结合面等

表 2-3-10　圆度、圆柱度公差等级的应用示例

公差等级	应用示例
4	较精密机床主轴，精密机床主轴箱孔，高压阀门活塞、活塞销，阀体孔，工具显微镜顶针，高压油泵柱塞，较高精度滚动轴承配合轴，铣削动力头箱体孔等
5	一般计量仪器主轴、测杆外圆柱面，陀螺仪轴颈，一般机床主轴轴颈及主轴轴承孔，柴油机、汽油机活塞及活塞销孔，铣削动力头轴承箱座孔，高压空气压缩机十字头销、活塞，与 6 级滚动轴承配合的轴颈等
6	仪表端盖外圆柱面，一般机床主轴及前轴承孔，泵、压缩机的活塞、气缸，汽油发动机凸轮轴，纺机锭子，通用减速器转轴轴颈，高速船用柴油机、拖拉机发动机曲轴主轴颈，与 6 级滚动轴承配合的轴承座孔，与 0 级滚动轴承配合的轴颈等
7	大功率低速柴油机的曲轴轴颈、活塞、活塞销、连杆和气缸，高速柴油机箱体轴承孔，千斤顶或压力油缸活塞，机车传动轴，水泵及一般减速器转轴轴颈，与 0 级滚动轴承配合的轴承座孔等
8	低速发动机、减速器，大功率低速发动机曲柄轴颈，压气机的连杆盖、连杆体，拖拉机发动机上的气缸、活塞，炼胶机冷铸轴辊，印刷机传墨辊，内燃机曲轴轴颈，柴油机凸轮轴轴颈、轴承孔，拖拉机、小型船用柴油机气缸套等
9	空气压缩机缸体，液压传动筒，通用机械杠杆与拉杆用的套筒销，拖拉机的活塞环和套筒孔等
10	印染机导布辊，绞车、吊车、起重机滑动轴承轴颈等

表 2-3-11　平行度、垂直度、倾斜度、轴向跳动公差等级的应用示例

公差等级	应用示例
4, 5	普通车床导轨、重要支承面，机床主轴轴承孔对基准的平行度，精密机床重要零件，计量仪器、量具、模具的基准面和工作面，机床主轴箱箱体重要孔，通用减速器壳体孔，齿轮泵的油孔端面，发动机轴和离合器的凸缘，气缸支承端面，安装精密滚动轴承的壳体孔的凸肩等
6, 7, 8	一般机床的基准面和工作面，压力机和锻锤的工作面，中等精度钻模的工作面，机床一般轴承孔对基准的平行度，变速器箱体孔，主轴花键对定心表面轴线的平行度，重型机械滚动轴承端盖，卷扬机、手动传动装置中的传动轴，一般导轨，主轴箱箱体孔，刀架、砂轮架、气缸配合面对基准轴线以及活塞销孔对活塞轴线的垂直度，滚动轴承内、外圈端面对基准轴线的垂直度等
9, 10	低精度零件，重型机械滚动轴承端盖，柴油机缸体曲轴孔、曲轴轴颈，花键轴和轴肩端面，带式运输机法兰盘等端面对基准轴线的垂直度，手动卷扬机及传动装置中轴承孔端面，减速器壳体平面等
11, 12	零件的非工作面，卷扬机、带式运输机上用的减速器壳体平面，农业机械的齿轮端面等

表 2-3-12　同轴度、对称度、径向跳动公差等级的应用示例

公差等级	应用示例
3, 4	机床主轴轴颈，砂轮轴轴颈，汽轮机主轴，测量仪器的小齿轮轴，高精度滚动轴承内、外圈等
5, 6, 7	这是应用范围较广的公差等级。用于几何精度要求较高、尺寸的标准公差等级为 IT8 及高于 IT8 的零件。5 级常用于机床主轴轴颈，计量仪器的测杆，涡轮机主轴，柱塞油泵转子，高精度滚动轴承外圈，一般精度滚动轴承内圈。6，7 级用于内燃机曲轴、凸轮轴、齿轮轴、水泵轴，汽车后轮输出轴、电机转子、印刷机传墨辊的轴颈及键槽，G 级精度滚动轴承内圈等

公差等级	应用举例
8，9，10	常用于几何精度要求一般、尺寸的标准公差等级为 IT9 至 IT11 的零件。8 级用于拖拉机发动机分配轴轴颈，与 9 级精度以下齿轮相配的轴，水泵叶轮，离心泵体，棉花精梳机前后滚子，键槽等。9 级用于内燃机缸套配合面，自行车中轴。10 级用于摩托车活塞，印染机导布辊，内燃机活塞环槽底径、缸套外圈等

表 2-3-13　直线度、平面度公差值，方向公差值，同轴度、对称度公差值和跳动公差值
（摘编自 GB/T 1184—1996）

主参数 $L^{①}$/mm	公差等级											
	1	2	3	4	5	6	7	8	9	10	11	12
	直线度、平面度公差值/μm											
>25~40	0.4	0.8	1.5	2.5	4	6	10	15	25	40	60	120
>40~63	0.5	1	2	3	5	8	12	20	30	50	80	150
>63~100	0.6	1.2	2.5	4	6	10	15	25	40	60	100	200
>100~160	0.8	1.5	3	5	8	12	20	30	50	80	120	250
>160~250	1	2	4	6	10	15	25	40	60	100	150	300
>250~400	1.2	2.5	5	8	12	20	30	50	80	120	200	400
>400~630	1.5	3	6	10	15	25	40	60	100	150	250	500
主参数 $L，d(D)^{②}$/mm	平行度、垂直度、倾斜度公差值/μm											
>25~40	0.8	1.5	3	6	10	15	25	40	60	100	150	250
>40~63	1	2	4	8	12	20	30	50	80	120	200	300
>63~100	1.2	2.5	5	10	15	25	40	60	10	150	250	400
>100~160	1.5	3	6	12	20	30	50	80	120	200	300	500
>160~250	2	4	8	15	25	40	60	100	150	250	400	600
主参数 $d(D)，B，L^{③}$/mm	同轴度、对称度、圆跳动、全跳动公差值/μm											
>3~6	0.5	0.8	1.2	2	3	5	8	12	25	50	80	150
>6~10	0.6	1	1.5	2.5	4	6	10	15	30	60	100	200
>10~18	0.8	1.2	2	3	5	8	12	20	40	80	120	250
>18~30	1	1.5	2.5	4	6	10	15	25	50	100	150	300
>30~50	1.2	2	3	5	8	12	20	30	60	120	200	400
>50~120	1.5	2.5	4	6	10	15	25	40	80	150	250	500
>120~250	2	3	5	8	12	20	30	50	100	200	300	600

注：① 对于直线度、平面度公差，棱线和回转表面的轴线、素线以其长度的公称尺寸作为主参数；矩形平面以其较长边、圆平面以其直径的公称尺寸作为主参数。

② 对于方向公差，被测要素以其长度或直径的公称尺寸作为主参数。

③ 对于同轴度、对称度公差和跳动公差，被测要素以其直径或宽度的公称尺寸作为主参数。

表 2-3-14　圆度、圆柱度公差值（摘自 GB/T 1184—1996）

主参数 d(D)/ mm	公差等级												
	0	1	2	3	4	5	6	7	8	9	10	11	12
	公差值/μm												
>18~30	0.2	0.3	0.6	1	1.5	2.5	4	6	9	13	21	33	52
>30~50	0.25	0.4	0.6	1	1.5	2.5	4	7	11	16	25	39	62
>50~80	0.3	0.5	0.8	1.2	2	3	5	8	13	19	30	46	74
>80~120	0.4	0.6	1	1.5	2.5	4	6	10	15	22	35	54	87
>120~180	0.6	1	1.2	2	3.5	5	8	12	18	25	40	63	100

注：回转表面、球、圆以其直径的公称尺寸作为主参数。

表 2-3-15　位置度数系（摘自 GB/T 1184—1996）　　　　　　μm

1	1.2	1.5	2	2.5	3	4	5	6	8
$1×10^n$	$1.2×10^n$	$1.5×10^n$	$2×10^n$	$2.5×10^n$	$3×10^n$	$4×10^n$	$5×10^n$	$6×10^n$	$8×10^n$

注：n 为正整数。

表 2-3-16　轴和轴承座孔的几何公差（摘自 GB/T 275—2015）

公称尺寸/ mm		圆柱度 t/μm				轴向圆跳动 t_1/μm			
		轴颈		轴承座孔		轴肩		轴承座孔肩	
		轴承公差等级							
>	≤	0	6(6X)	0	6(6X)	0	6(6X)	0	6(6X)
18	30	4	2.5	6	4	10	6	15	10
30	50	4	2.5	7	4	12	8	20	12
50	80	5	3	8	5	15	10	25	15
80	120	6	4	10	6	15	10	25	15
120	180	8	5	12	8	20	12	30	20
180	250	10	7	14	10	20	12	30	20

表 2-3-17　齿坯公差

齿轮精度等级	1	2	3	4	5	6	7	8	9	10	11	12
盘形齿轮基准孔直径尺寸公差		IT4			IT5	IT6	IT7		IT8		IT8	
齿轮轴轴颈直径尺寸公差和形状公差	通常按滚动轴承的公差等级确定											
齿顶圆直径尺寸公差	IT6			IT7			IT8			IT9		IT11

基准端面对齿轮基准轴线的轴向圆跳动公差 t_t	$t_t = 0.2(D_d/b)F_\beta$
基准圆柱面对齿轮基准轴线的径向圆跳动公差 t_r	$t_r = 0.3F_P$

注：1. 表格前四行整理自 GB/T 10095—1988 的表 B1"齿坯公差"。齿轮的三项精度等级不同时，齿轮基准孔的直径尺寸公差按最高的精度等级确定。

2. 齿顶圆柱面不作为测量齿厚的基准面时，齿顶圆直径尺寸公差按 IT11 给定，但不得大于 $0.1m_n$。

3. t_t 和 t_r 的计算公式引自 GB/Z 18620.3—2008。公式中，D_d—基准端面的直径；b—齿宽；F_β—螺旋线总偏差允许值；F_P—齿距累积总偏差允许值。

4. 齿顶圆柱面不作为基准面时，图样上不必给出 t_r。

表 2-3-18　轴类零件几何公差推荐标注项目

公差类别	标注项目	符号	精度等级	对工作性能的影响
形状公差	与传动零件相配合圆柱表面的圆柱度	$\not{\circ}$	7~8	影响传动零件及滚动轴承与轴配合的松紧、对中性及几何回转精度
	与滚动轴承相配合轴颈表面的圆柱度		5~6	
方向公差	滚动轴承定位端面的垂直度	⊥	6~8	影响轴承定位及受载均匀性
位置公差	平键键槽两侧面的对称度	=	5~7	影响键受载均匀性及装拆
	与传动零件相配合圆柱表面的同轴度	◎	5~7	影响传动零件和滚动轴承的安装及回转同心度、齿轮轮齿载荷分布的均匀性
跳动公差	与传动零件相配合圆柱表面的径向圆跳动	↗	6~7	
	与滚动轴承相配合轴颈表面的径向圆跳动		5~6	
	齿轮、联轴器、滚动轴承等零件定位端面的端面圆跳动		6~7	

表 2-3-19　箱体类零件几何公差推荐标注项目

公差类别	标注项目	符号	精度等级	对工作性能的影响
形状公差	轴承孔的圆柱度	$\not{\circ}$	7	影响箱体与轴承的配合性能及对中性
	剖分面的平面度	▱	7	影响箱体剖分面的密封性
方向公差	轴承孔中心线相互间的平行度	//	6	影响齿轮接触斑点及传动平稳性
	轴承孔端面对其孔中心线的垂直度	⊥	7~8	影响轴承的固定及轴向受载的均匀性
	锥齿轮减速器轴承孔中心线相互间的垂直度	⊥	7	影响传动平稳性及受载的均匀性
位置公差	两轴承孔中心线的同轴度	◎	6~7	影响减速器的装配及载荷分布的均匀性

表 2-3-20　螺栓和螺钉通孔尺寸（摘自 GB/T 5277—1985）　　　　mm

螺纹规格 d	通孔 d_h		
	系列		
	精装配	中等装配	粗装配
M4	4.3	4.5	4.8
M4.5	4.8	5	5.3
M5	5.3	5.5	5.8
M6	6.4	6.6	7
M7	7.4	7.6	8
M8	8.4	9	10
M10	10.5	11	12
M12	13	13.5	14.5
M14	15	15.5	16.5

表 2-3-21　轴加工表面粗糙度轮廓推荐值

加工表面		表面粗糙度轮廓 Ra 的推荐值/μm		
与滚动轴承相配合	轴颈表面	0.4~0.8（轴承内径 $d \leqslant 80$ mm），0.8~1.6（轴承内径 $d > 80$ mm）		
	轴肩端面	1.6		
与传动零件、联轴器相配合	轴头表面	0.8~1.6		
	轴肩端面	1.6~3.2		
平键键槽	工作面	1.6~3.2		
	非工作面	6.3~12.5		
密封轴段表面		毡圈密封	橡胶密封	间隙或迷宫密封
		与轴接触处的圆周速度 v/(m/s)		1.6~3.2
		$v \leqslant 3$ ｜ $3 < v \leqslant 5$ ｜ $5 < v \leqslant 10$		
		0.8~1.6 ｜ 0.4~0.8 ｜ 0.2~0.4		

表 2-3-22　齿轮齿面和齿轮坯基准面的表面粗糙度轮廓 Ra 上限值的推荐值　　　μm

齿轮精度等级	3	4	5	6	7	8	9	10
齿面	≤0.63	≤0.63	≤0.63	≤0.63	≤1.25	≤5	≤10	≤10
盘形齿轮的基准孔	≤0.2	≤0.2	0.2~0.4	≤0.8	0.8~1.6	≤1.6	≤3.2	≤3.2
齿轮轴的轴颈	≤0.1	0.1~0.2	≤0.2	≤0.4	≤0.8	≤1.6	≤1.6	≤1.6
端面、齿顶圆柱面	0.1~0.2	0.2~0.4	0.4~0.8	0.4~0.8	0.8~1.6	1.6~3.2	≤3.2	≤3.2

注：齿轮的三项精度等级不同时，按最高的精度等级确定。齿轮轴轴颈的 Ra 值可按滚动轴承的公差等级确定。

表 2-3-23　箱体加工表面粗糙度轮廓 *Ra* 推荐值

加工部位		表面粗糙度轮廓 *Ra*/μm
箱体剖分面		1.6~3.2（刮研或磨削）
轴承座孔		1.6~3.2
轴承座孔外端面		3.2~6.3
锥销孔		0.8~1.6
箱体底面		6.3~12.5
螺栓孔沉头座		12.5
其他表面	配合面	3.2~6.3
	非配合面	6.3~12.5

表 2-3-24　配合表面及端面的表面粗糙度（摘编自 GB/T 275—2015）

轴或轴承座孔 直径/mm		轴或轴承座孔配合表面直径公差等级					
		IT7		IT6		IT5	
		表面粗糙度 *Ra*/μm					
>	≤	磨	车	磨	车	磨	车
—	80	1.6	3.2	0.8	1.6	0.4	0.8
80	500	1.6	3.2	1.6	3.2	0.8	1.6
端面		3.2	6.3	6.3	6.3	6.3	3.2

表 2-3-25　某些机器中的齿轮所采用的精度等级

应用范围	精度等级	应用范围	精度等级
单啮仪、双啮仪（测量齿轮）	2~5	载重汽车	6~9
涡轮机减速器	3~5	通用减速器	6~8
金属切削机床	3~8	轧钢机	5~10
航空发动机	4~7	矿用绞车	6~10
内燃机车、电气机车	5~8	起重机	6~9
轿车	5~8	拖拉机	6~10

表 2-3-26　某些齿轮精度等级的应用范围

齿轮精度 等级	4 级	5 级	6 级	7 级	8 级	9 级
应用范围	极精密分度机构的齿轮，非常高速并要求平稳、无噪声的齿轮，高速涡轮机齿轮	精密分度机构的齿轮，高速并要求平稳、无噪声的齿轮，高速涡轮机齿轮	高速、平稳、无噪声、高效率齿轮，航空、汽车、机床中的重要齿轮，分度机构齿轮，读数机构齿轮	高速、动力小且需逆转的齿轮，机床中的进给齿轮，航空齿轮，读数机构齿轮，具有一定速度的减速器齿轮	一般机器中的普通齿轮，汽车、拖拉机、减速器中的一般齿轮，航空器中的不重要齿轮，农机中的重要齿轮	精度要求低的齿轮

续表

齿轮精度等级		4 级	5 级	6 级	7 级	8 级	9 级
齿轮圆周速度/（m/s）	直齿	<35	<20	<15	<10	<6	<2
	斜齿	<70	<40	<30	<15	<10	<4

表 2-3-27 圆柱齿轮强制性检测精度指标的公差和极限偏差（摘编自 GB/T 10095.1—2008）

分度圆直径 d/mm	模数 m 或齿宽 b/mm	精度等级												
		0	1	2	3	4	5	6	7	8	9	10	11	12
齿轮传递运动准确性		齿轮齿距累积总偏差允许值 F_p/μm												
50<d≤125	2<m≤3.5	3.3	4.7	6.5	9.5	13.0	19.0	27.0	38.0	53.0	76.0	107.0	151.0	241.0
	3.5<m<6	3.4	4.9	7.0	9.5	14.0	19.0	28.0	39.0	55.0	78.0	110.0	156.0	220.0
125<d≤280	2<m≤3.5	4.4	6.0	9.0	12.0	18.0	25.0	35.0	50.0	70.0	100.0	141.0	199.0	282.0
	3.5<m<6	4.5	6.5	9.0	13.0	18.0	25.0	36.0	51.0	72.0	102.0	144.0	204.0	288.0
齿轮传动平稳性		齿轮单个齿距偏差允许值 $\pm f_{pt}$/μm												
50<d≤125	2<m≤3.5	1.0	1.5	2.1	2.9	4.1	6.0	8.5	12.0	17.0	23.0	33.0	47.0	66.0
	3.5<m<6	1.1	1.6	2.3	3.2	4.6	6.5	9.0	13.0	18.0	26.0	36.0	52.0	73.0
125<d≤280	2<m≤3.5	1.1	1.6	2.3	3.2	4.6	6.5	9.0	13.0	18.0	26.0	36.0	51.0	73.0
	3.5<m<6	1.2	1.8	2.5	3.5	5.0	7.0	10.0	14.0	20.0	28.0	40.0	56.0	79.0
齿轮传动平稳性		齿轮齿廓总偏差允许值 F_α/μm												
50<d≤125	2<m≤3.5	1.4	2.0	2.8	3.9	5.5	8.0	11.0	16.0	22.0	31.0	44.0	63.0	89.0
	3.5<m<6	1.7	2.4	3.4	4.8	6.5	9.5	13.0	19.0	27.0	38.0	54.0	76.0	108.0
125<d≤280	2<m≤3.5	1.6	2.2	3.2	4.5	6.5	9.0	13.0	18.0	25.0	36.0	50.0	71.0	101.0
	3.5<m<6	1.9	2.6	3.7	5.5	7.5	11.0	15.0	21.0	30.0	42.0	60.0	84.0	119.0
轮齿载荷分布均匀性		齿轮螺旋线总偏差允许值 F_β/μm												
50<d≤125	20<b≤40	1.5	2.1	3.0	4.2	6.0	8.5	12.0	17.0	24.0	34.0	48.0	68.0	95.0
	40<b≤80	1.7	2.5	3.5	4.9	7.0	10.0	14.0	20.0	28.0	39.0	56.0	79.0	111.0
125<d≤280	20<b≤40	1.6	2.2	3.2	4.5	6.5	9.0	13.0	18.0	25.0	36.0	50.0	71.0	101.0
	40<b≤80	1.8	2.6	3.6	5.0	7.5	10.0	15.0	21.0	29.0	41.0	58.0	82.0	117.0

表 2-3-28 保证正常润滑条件所需的法向侧隙 j_{bn2}（推荐值）

润滑方式	齿轮的圆周速度 v/（m/s）			
	v≤10	10<v≤25	25<v≤60	v>60
喷油润滑	0.01m_n	0.02m_n	0.03m_n	（0.03~0.05）m_n
油池润滑	（0.005~0.01）m_n			

表 2-3-29　对于中、大模数齿轮最小侧隙 $j_{bn\,min}$ 的推荐数据（摘自 GB/Z 18620.2—2008）　mm

m_n	最小中心距 a_i					
	50	100	200	400	800	1 600
1.5	0.09	0.11	—	—	—	—
2	0.10	0.12	0.15	—	—	—
3	0.12	0.14	0.17	0.24	—	—
5	—	0.18	0.21	0.28	—	—
8	—	0.24	0.27	0.34	0.47	—
12	—	—	0.35	0.42	0.55	—
18	—	—	—	0.54	0.67	0.94

注：表中的数值，也可以用公式 $j_{bn\,min}=2\times(0.06+0.0005a_i+0.03m_n)/3$ 进行计算。

表 2-3-30　齿轮副的中心距极限偏差 $\pm f_a$（摘编自 GB/T 10095—88）　　μm

齿轮精度等级		1~2	3~4	5~6	7~8	9~10	11~12
f_a		$\frac{1}{2}$IT4	$\frac{1}{2}$IT6	$\frac{1}{2}$IT7	$\frac{1}{2}$IT8	$\frac{1}{2}$IT9	$\frac{1}{2}$IT11
齿轮副的中心距/mm	>80~120	5	11	17.5	27	43.5	110
	>120~180	6	12.5	20	31.5	50	125
	>180~250	7	14.5	23	36	57.5	145
	>250~315	8	16	26	40.5	65	160
	>315~400	9	18	28.5	44.5	70	180

表 2-3-31　圆柱齿轮径向跳动公差 F_r（摘自 GB/T 10095.2—2008）　　μm

分度圆直径 d/mm	法向模数 m_n/mm	精度等级												
		0	1	2	3	4	5	6	7	8	9	10	11	12
$50<d\leqslant125$	$2<m_n\leqslant3.5$	2.5	4.0	5.5	7.5	11	15	21	30	43	61	86	121	171
	$3.5<m_n\leqslant6$	3.0	4.0	5.5	8.0	11	16	22	31	44	62	88	125	176
$125<d\leqslant280$	$2<m_n\leqslant3.5$	3.5	5.0	7.0	10	14	20	28	40	56	80	113	159	225
	$3.5<m_n\leqslant6$	3.5	5.0	7.0	10	14	20	29	41	58	82	115	163	231

表 2-3-32　切齿时的径向进刀公差 b_r

齿轮传递运动准确性的精度等级	4 级	5 级	6 级	7 级	8 级	9 级
b_r	1.26IT7	IT8	1.26IT8	IT9	1.26IT9	IT10

注：标准公差值 IT 按齿轮分度圆直径从表 2-3-1 中查取。

4 机械精度设计实践题目

A. 题目一

图 2-4-1 为一般用途的一级圆柱齿轮减速器 I 装配图，油池润滑，功率 5 kW，高速轴转速 327 r/min，传动比 $i=3.95$，小齿轮齿数 $z_1=20$，大齿轮齿数 $z_2=79$，法向模数 $m_n=3$ mm，标准压力角 $\alpha_n=20°$，螺旋角 $\beta=8°6'34''$，右旋，变位系数 $x=0$，小齿轮齿宽 $b_1=65$ mm，大齿轮齿宽 $b_2=60$ mm。

与减速器 I 输入轴配合的两个轴承为 0 级圆锥滚子轴承 30208 GB/T 297—2015（$d×D×B=40×80×18$），承受轻负荷。

与减速器 I 输出轴配合的两个轴承为 0 级圆锥滚子轴承 30211 GB/T 297—2015（$d×D×B=55×100×21$），承受轻负荷。

齿轮材料为钢，线膨胀系数 $\alpha_1=11.5×10^{-6}℃^{-1}$；箱体的材料为铸铁，线膨胀系数 $\alpha_2=10.5×10^{-6}℃^{-1}$。减速器 I 工作时，齿轮温度增至 $t_1=45$ ℃，箱体温度增至 $t_2=30$ ℃。

图 2-4-2 为减速器 I 的输出轴，图 2-4-3 为与输出轴配合的大齿轮，图 2-4-4 为此减速器的机座。

请分别对输出轴、大齿轮和机座进行精度设计。

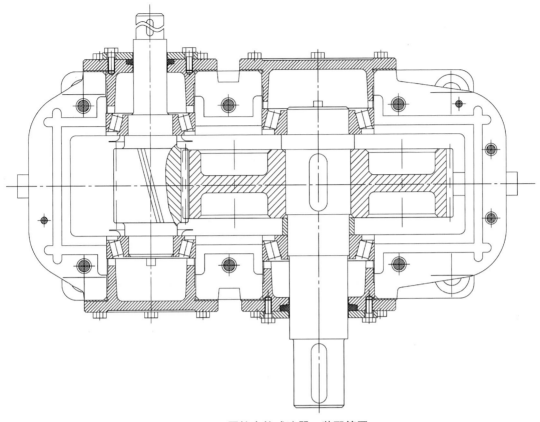

图 2-4-1 圆柱齿轮减速器 I 装配简图

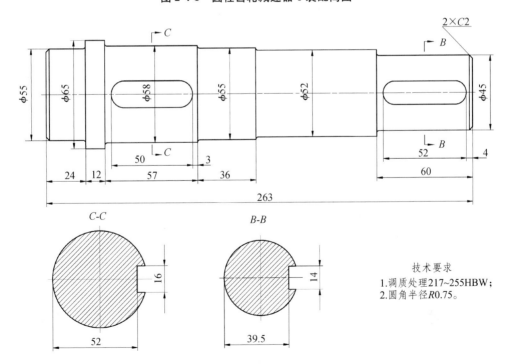

图 2-4-2 减速器 I 输出轴

技术要求
1.调质处理217~255HBW;
2.圆角半径R0.75。

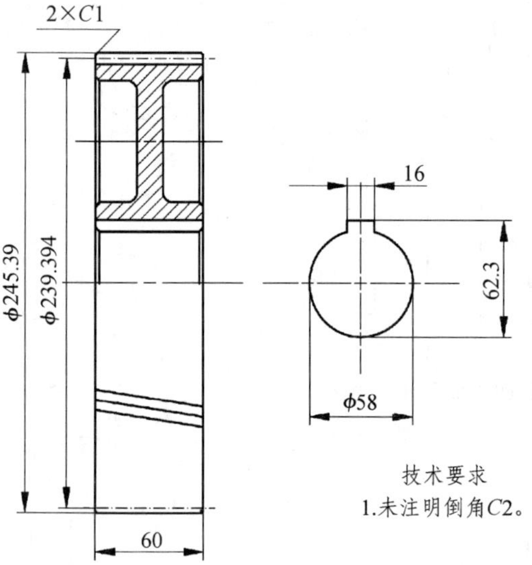

法向模数 m_n	
齿数 z_2	
标准压力角	
变位系数 x_2	
螺旋角 β 及方向	
精度等级	
齿距累积总偏差允许值 F_p	
单个齿距偏差允许值 $\pm f_{pt}$	
齿廓总偏差允许值 F_α	
螺旋线总偏差允许值 F_β	

公法线长度	跨齿数 k	
	公称值及极限偏差 $W_n {}^{+E_{ws}}_{+E_{wi}}$	
中心距及极限偏差 $a \pm f_a$		

技术要求
1.未注明倒角C2。

图 2-4-3　减速器 I 大齿轮

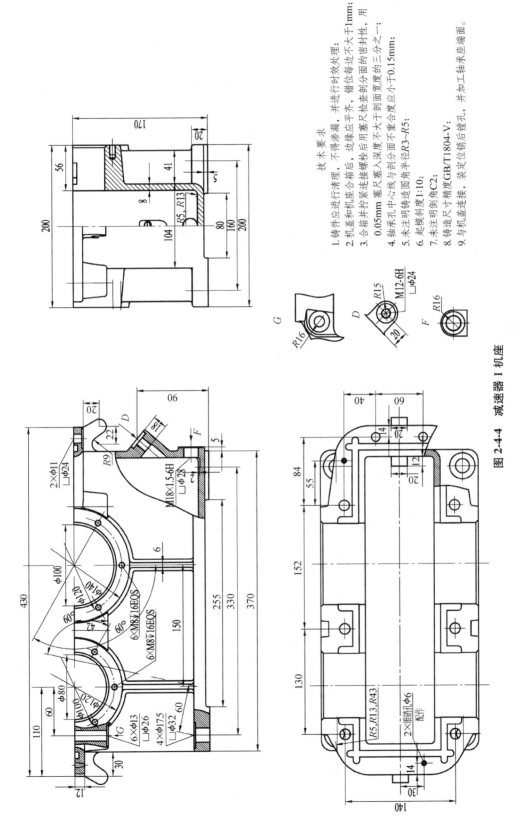

技 术 要 求

1. 铸件应进行清理，不得修蚀，并进行时效处理；
2. 机盖和机座合箱后，边缘应平齐，错位每边不大于1mm；
3. 合箱并拧紧连接螺栓后用塞尺检查时剖分面的密封性，用0.05mm塞尺塞入深度不大于剖面宽度的三分之一；
4. 轴承孔中心线与剖分面不重合度应小于0.15mm；
5. 未注明铸造圆角半径R3~R5；
6. 起模斜度1:10；
7. 未注明铸造尺寸精度GB/T1804-V；
8. 铸造尺寸精度C2；
9. 与机盖连接，装定位销后镗孔，并加工轴承座端面。

图 2-4-4 减速器 I 机座

第二部分 机械精度设计项目实践

115

B. 题目二

图 2-4-5 为普通一级圆柱齿轮减速器 II 装配简图，油池润滑，功率 2 kW，高速轴转速 480 r/min，传动比 $i=3.67$，小齿轮齿数 $z_1=15$，大齿轮齿数 $z_2=55$，模数 $m_n=2$ mm，标准压力角 $\alpha=20°$，变位系数 $x=0$，小齿轮齿宽 $b_1=34$ mm，大齿轮齿宽 $b_2=26$ mm。

与减速器 II 输入轴配合的两个轴承为 0 级深沟球轴承 6204 GB/T 276—2013（$d×D×B=20×47×14$），承受轻负荷。

与减速器 II 输出轴配合的两个轴承为 0 级深沟球轴承 6206 GB/T 276—2013（$d×D×B=30×62×16$），承受轻负荷。

齿轮材料为钢，线膨胀系数 $\alpha_1=11.5×10^{-6}℃^{-1}$；箱体的材料为铸铁，线膨胀系数 $\alpha_2=10.5×10^{-6}℃^{-1}$。减速器 II 工作时，齿轮温度增至 $t_1=45$ ℃，箱体温度增至 $t_2=30$ ℃。

图 2-4-6 为减速器 II 的输出轴，图 2-4-7 为与输出轴配合的大齿轮，图 2-4-8 为此减速器的机座。

请分别对输出轴、大齿轮和机座进行精度设计。

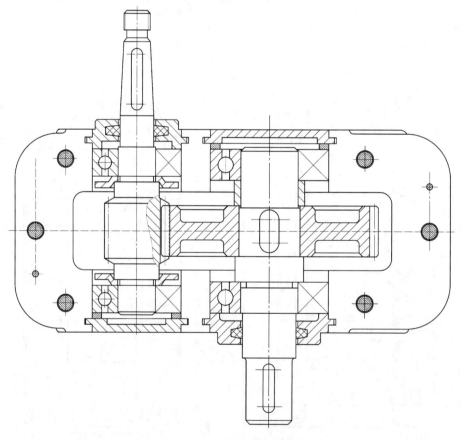

图 2-4-5　减速器 II 装配简图

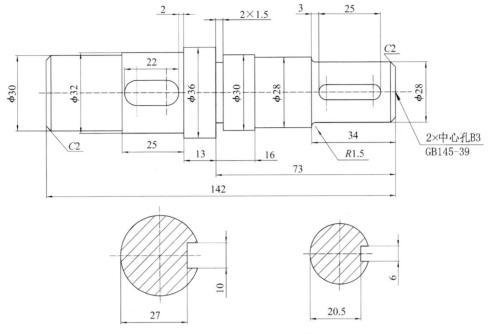

图 2-4-6　减速器 Ⅱ 输出轴

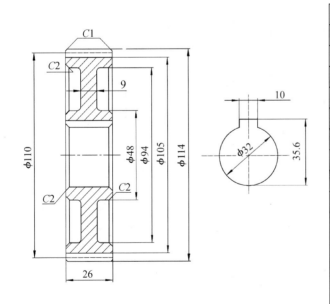

图 2-4-7　减速器 Ⅱ 大齿轮

法向模数m_n		
齿数z_2		
标准压力角		
变位系数x_2		
螺旋角β及方向		
精度等级		
齿距累积总偏差允许值F_P		
单个齿距偏差允许值$\pm f_{pt}$		
齿廓总偏差允许值F_α		
螺旋线总偏差允许值F_β		
公法线长度	跨齿数k	
	公称值及极限偏差$W_n{}^{+E_{ws}}_{+E_{wi}}$	
配偶齿轮的齿数z_1		
中心距及极限偏差$a\pm f_a$		

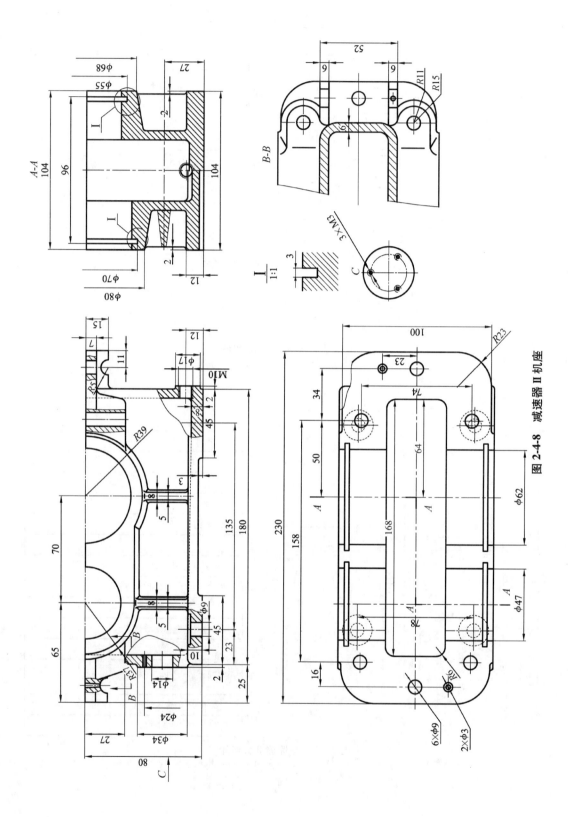

图 2-4-8　减速器 Ⅱ 机座

图 2-4-9 为齿轮油泵的装配简图，此类泵是以齿轮传动为动力的一种泵油装置。图 2-4-10 为此泵的泵体，图 2-4-11 为泵盖，图 2-4-12 为主动轴。

请分别对齿轮油泵的泵体、泵盖和主动轴进行精度设计。

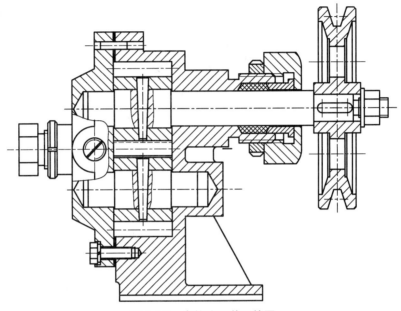

图 2-4-9 齿轮油泵装配简图

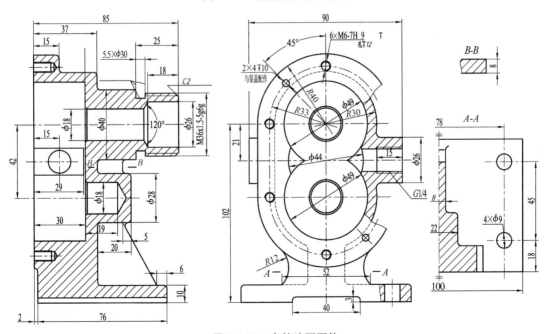

图 2-4-10 齿轮油泵泵体

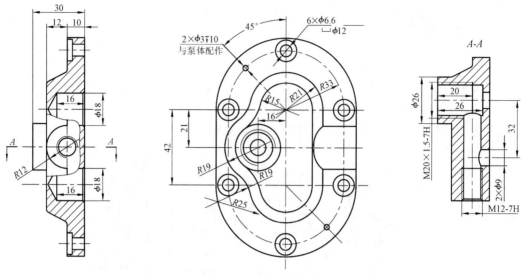

图 2-4-11 齿轮油泵泵盖

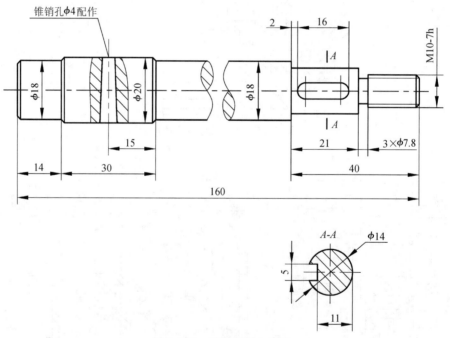

图 2-4-12 齿轮油泵主动轴

图 2-4-13 为机用虎钳装配简图，固定在机床上用于夹持被加工零件，以便对零件进行切削加工。图 2-4-14 为固定钳身。

请对机用虎钳的固定钳身进行精度设计。

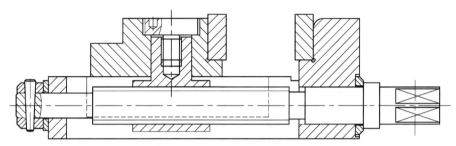

图 2-4-13　机用虎钳装配简图

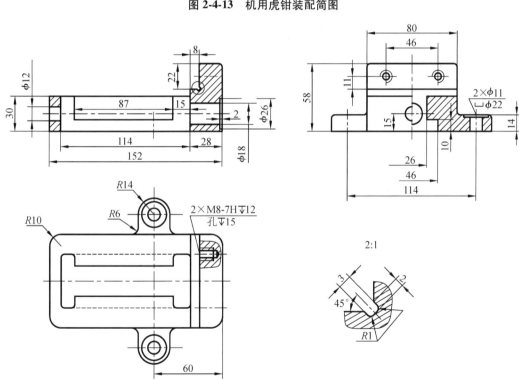

图 2-4-14　机用虎钳固定钳身

E. 题目五

图 2-4-15 为尾架装配简图，尾架是铣床上的一个附件，它和万能分度头配合使用，用来支承被加工工件。图 2-4-16 为尾架轴承座。

请对尾架轴承座进行精度设计。

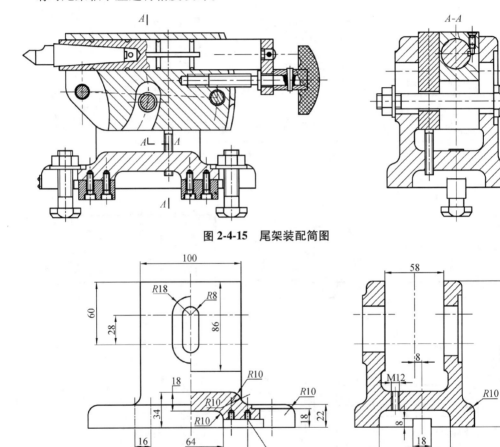

图 2-4-15　尾架装配简图

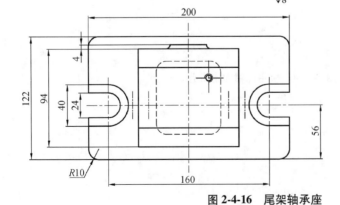

图 2-4-16　尾架轴承座

F. 题目六

图 2-4-17 为某柴油机的曲轴，请对此轴进行精度设计。

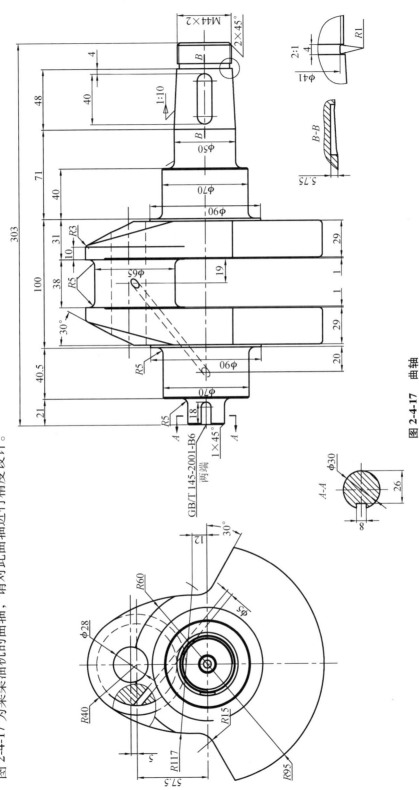

图 2-4-17　曲轴

第二部分　机械精度设计项目实践

123

第三部分
互换性与测量技术课程测试

1 课程模拟试卷一

2 课程模拟试卷二

3 课程模拟试卷三

4 课程模拟试卷四

扫码查询

参考答案

1 课程模拟试卷一

一、是非题（每题 1 分，共计 10 分）

1. 互换性是几何量相同意义上的互换。 （   ）
2. 公差值大的孔一定比公差值小的孔的精度低。 （   ）
3. 孔的基本偏差即下极限偏差，轴的基本偏差即极限上偏差。 （   ）
4. 配合公差总是大于孔或轴的尺寸公差。 （   ）
5. 从制造角度讲，基孔制的特点就是先加工孔，基轴制的特点就是先加工轴。
（   ）
6. 形状公差带不涉及基准，其公差带的位置是浮动的，与基准要素无关。 （   ）
7. 某圆柱面的圆柱度公差为 0.05 mm，那么该圆柱面对基准轴线的径向全跳动公差
不小于 0.05 mm。 （   ）
8. 同一尺寸公差等级的零件，小尺寸比大尺寸、轴比孔的表面粗糙度轮廓幅度参
数值要小。 （   ）
9. 齿轮副最小法向侧隙 $j_{bn\ min}$ 与齿轮精度无关，由工作条件确定。 （   ）
10. 最大实体要求既可用于导出要素，又可用于组成要素。 （   ）

二、选择题（每题 1 分，共计 10 分）

1. 公差是几何量允许变动的范围，其数值（   ）。
   A. 只能为正 B. 只能为负 C. 允许为零 D. 可以为任意值
2. 优先数系中 R40/5 系列是（   ）。
   A. 补充系列 B. 基本系列 C. 等差系列 D. 派生系列
3. 下列配合中，配合公差最小的是（   ）。
   A. φ30H7/g6 B. φ30H8/g7 C. φ30H7/u7 D. φ100H7/g6
4. 比较两个公称尺寸段不同的轴的加工难度的依据是（   ）。
   A. 标准公差数值   B. 标准公差因子
   C. 基本偏差   D. 标准公差等级
5. φ40f7 和 φ40f8 两个公差带的（   ）。
   A. 上极限偏差相同，下极限偏差不同
   B. 上、下极限偏差都不同
   C. 上极限偏差不同，下极限偏差相同
   D. 上、下极限偏差都相同
6. 为了保证内、外矩形花键小径定心表面的配合性质，小径表面的形状公差与尺

寸公差的关系采用（　　）。

    A. 最大实体要求　　　　　　　　　B. 最小实体要求

    C. 包容要求　　　　　　　　　　　D. 独立原则

7. 工件的最大实体实效尺寸是（　　）。

    A. 测量得到的　　　　　　　　　　B. 装配时产生的

    C. 设计给定的　　　　　　　　　　D. 加工后形成的

8. 轴的直径为 $30_{-0.03}^{0}$ mm，其轴线的直线度公差在图样上的给定值为 $\phi0.01$ mm，按最大实体要求，则直线度公差的最大允许值为（　　）。

    A. $\phi0.01$ mm　　B. $\phi0.02$ mm　　C. $\phi0.03$ mm　　D. $\phi0.04$ mm

9. 取样长度是指用于评定轮廓的不规则特征的一段（　　）长度。

    A. 评定　　　　　B. 中线　　　　　C. 测量　　　　　D. 基准线

10. 单个齿距偏差主要影响齿轮的（　　）。

    A. 传递运动的准确性　　　　　　　B. 传动平稳性

    C. 轮齿载荷分布均匀性　　　　　　D. 侧隙的合理性

三、填空题（每空 1 分，共计 20 分）

1. 按照互换的形式和程度不同，互换性可以分为＿＿＿＿互换和＿＿＿＿互换。

2. 包容要求给定的边界是＿＿＿＿边界，它用来限制被测要素的＿＿＿＿不得超出该边界。

3. 轴在图样上标注为 $\phi80js8$，已知 IT8 = 45 μm，则该轴的下极限偏差为＿＿＿＿mm，最大实体尺寸为＿＿＿＿mm。

4. 给定平面内直线度公差带的形状为＿＿＿＿，任意方向上直线度公差带的形状为＿＿＿＿。

5. 标准规定，在基孔制配合中，基准孔的＿＿＿＿偏差为基本偏差，其数值等于＿＿＿＿。

6. 齿距累积总偏差是被测齿轮的＿＿＿＿和＿＿＿＿的综合结果。

7. 孔和轴尺寸公差带的大小取决于＿＿＿＿，其相对于公称尺寸的位置取决于＿＿＿＿，标准公差等级分为＿＿＿＿级。

8. 基本偏差代号为 G 的孔与基本偏差代号为 h 的轴构成＿＿＿＿配合，基本偏差代号为 r 的轴与基本偏差代号为 H 的孔构成＿＿＿＿配合。

9. GB/T 3505—2009 规定的表面粗糙度轮廓参数中，常用的两个幅度参数的名称是＿＿＿＿和＿＿＿＿；常用的间距参数的名称是＿＿＿＿。

四、计算题（每题 8 分，共计 24 分）

1. 将基孔制配合 $\phi60H7\left(_{0}^{+0.030}\right)/t6\left(_{+0.066}^{+0.085}\right)$ 变为基轴制同名配合，两者配合性质不变，并确定此基轴制配合中孔和轴的极限偏差、极限间隙或过盈、配合公差，画出孔、轴公差带示意图。

2. 图样上标注轴的尺寸为 $\phi50_{+0.009}^{+0.034}$Ⓔ mm，测得该轴横截面形状正确，实际尺寸处

处为 $\phi 50.012$ mm，轴线直线度误差为 $\phi 0.012$ mm。试述：① 公差原则；② 该轴的合格条件；③ 判断该轴合格与否。

3. 用绝对法测得齿数为 8 的齿轮右齿面齿距偏差，测量数据见表 3-1-1，试确定被测齿轮齿面的齿距累积总偏差 ΔF_p、2 个齿距累积偏差 ΔF_{p2} 和单个齿距偏差 Δf_{pt} 评定值。

表 3-1-1　齿轮的测量数据

轮齿序号	1→2	1→3	1→4	1→5	1→6	1→7	1→8	1→1
齿距序号	P_1	P_2	P_3	P_4	P_5	P_6	P_7	P_8
指示表示值/μm	+4	−4	−3	−2	+2	−5	+2	0

五、改正图 3-1-1 中各几何公差标注上的错误（不允许改变公差项目）（8 分）

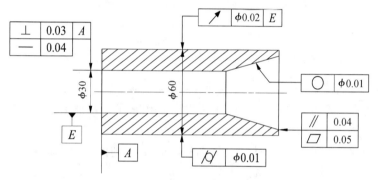

图 3-1-1　模拟试卷一第五题图

六、将以下技术要求标注在图 3-1-2 上（8 分）

1. $\phi 38f8$ 圆柱面应遵守包容要求。

2. 大端为 $\phi 30$ 的圆锥面对 $\phi 38f8$ 圆柱轴线的斜向圆跳动公差为 0.015 mm。

3. 端面 b 的平面度公差为 0.01 mm。

4. 端面 a 对端面 b 的平行度公差为 0.02 mm。

5. $\phi 38f8$ 圆柱面的表面粗糙度轮廓参数 Ra 的最大值为 0.4 μm。

6. 端面 a 的表面粗糙度轮廓参数 Rz 的上极限值为 6.3 μm，其余各表面的表面粗糙度轮廓参数 Rz 最大值 12.5 μm。

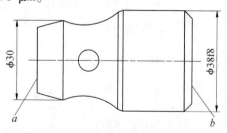

图 3-1-2　模拟试卷一第六题图

七、简答题（每题 3 分，共计 12 分）

1. 孔、轴公差与配合的选择包括哪三方面的内容？

2. 齿轮副所需的最小法向侧隙由哪两部分组成？

3. 滚动轴承与轴颈、轴承座孔的配合要求在装配图上如何标注？

4. 几何误差测量中，常用模拟法来体现基准。在实验中，基准平面、轴的基准轴线及孔的基准轴线分别用什么来模拟？

八、综合题（8 分）

现有一批零件，其形状如图 3-1-3 所示，要测量其中一个零件的 $\phi 35H7$ 孔及 $\phi 80h6$ 轴的实际直径，并判断其合格与否，试分析检测方法，并简述实施方案。

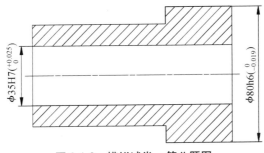

图 3-1-3　模拟试卷一第八题图

2 课程模拟试卷二

一、是非题（每题 1 分，共计 10 分）

1. 公差尺寸相同，公差数值越大，几何量的精度越低。（　　）
2. 互换性只适用于成批大量生产，对单件小批量生产无互换性可言。（　　）
3. 公差仅表示尺寸允许变动的范围，它的值不可能为 0。（　　）
4. 过渡配合可能有间隙，也可能有过盈，因此，过渡配合可以算间隙配合，也可以算过盈配合。（　　）
5. 尺寸 $\phi 30f7$ 与尺寸 $\phi 30F8$ 的精度相同。（　　）
6. 给定方向上的直线度公差带是间距等于公差值的两平行平面所限定的区域。（　　）
7. 某轴图样上标注的同轴度公差为 $\phi 0.05$ mm，实测被测轴线至基准轴线的最近距离为 0.01 mm，最远距离为 0.03 mm，则它是符合要求的。（　　）
8. 在评定表面粗糙度轮廓的参数值时，取样长度可以任意选定。（　　）
9. 影响齿轮传动平稳性精度的检测指标特性是以齿轮一转为周期的误差。（　　）
10. 按同一公差要求加工的一批轴，其作用尺寸不完全相同。（　　）

二、选择题（每题 1 分，共计 10 分）

1. R20 系列中，每隔（　　）项，数值增至 10 倍。
   A. 5 　　　　B. 10 　　　　C. 20 　　　　D. 40
2. 当公称尺寸一定时，零件图上反映孔或轴尺寸加工难易程度的是（　　）。
   A. 公差　　B. 上极限偏差　　C. 下极限偏差　　D. 误差
3. 某基轴制配合中轴的公差为 18 μm，最大间隙为 +10 μm，则该配合一定是（　　）。
   A. 间隙配合　　B. 过渡配合　　C. 过盈配合　　D. 无法确定
4. $\phi 50F7$ 和 $\phi 50F8$ 两个公差带的（　　）。
   A. 上极限偏差相同而下极限偏差不同
   B. 上、下极限偏差都不相同
   C. 上极限偏差不同，下极限偏差相同
   D. 上、下极限偏差都相同
5. 减速器上滚动轴承内圈与轴颈的配合采用（　　）。
   A. 基孔制　　B. 基轴制　　C. 非基准制　　D. 不确定
6. 几何公差中属于方向公差的项目是（　　）。
   A. 圆柱度　　B. 平行度　　C. 同轴度　　D. 圆跳动

7. 当被测要素的尺寸公差与几何公差的关系采用最大实体要求时，该被测要素实际轮廓的体外作用尺寸不得超出（　　　）。

    A. 最大实体尺寸　　　　　　　　B. 最小实体尺寸

    C. 最大实体实效尺寸　　　　　　D. 最小实体实效尺寸

8. 当可逆要求用于最大实体要求应用于孔的轴线直线度公差时，轴线直线度公差 t 与孔的尺寸公差 T 的关系是（　　　）。

    A. 只允许 T 补偿 t　　　　　　　B. 只允许 t 补偿 T

    C. t 与 T 可以相互补偿　　　　　D. 不可以补偿

9. 表面粗糙度轮廓的微小峰谷间距 λ 应为（　　　）。

    A. <1mm　　　B. 1~10 mm　　　C. >10 mm　　　D. >20 mm

10. 影响齿轮副侧隙的指标有（　　　）。

    A. 齿距累积总偏差　　　　　　　B. 齿厚偏差

    C. 螺旋线总偏差　　　　　　　　D. 齿廓总偏差

三、填空题（每空 1 分，共计 22 分）

1. 测量方法按实测几何量是否为被测几何量可分为_____测量和_____测量。

2. 孔 $\phi45F7$ 的公差带代号中 F 是_____代号，它决定_____的位置；7 表示_____，它决定_____的大小。

3. 在公差原则中，_____要求通常用于保证孔、轴的配合性质，_____要求通常用于只要求装配互换性的要素。

4. $\phi20_{-0.015}^{+0.006}$ 孔的基本偏差为_____mm，公差为_____mm，最大实体尺寸为_____mm。

5. 径向圆跳动可以综合控制_____误差和_____误差，其公差带形状和_____的公差带形状相同。

6. 评定齿轮传动平稳性的误差项目有_____和_____。

7. 图样上标注 7—8—7 GB/T 10095.1—2008 中数字 8 的含义是_____。

8. 选择表面粗糙度轮廓参数时，通常优先选用_____。

9. 光滑极限量规的通规用来控制工件的_____。光滑极限量规的止规用来控制工件的_____。

10. _____公差和_____公差在没有基准要求时属于形状公差，有基准要求时属于方向、位置公差。

四、计算题（每题 8 分，共计 24 分）

1. 已知基孔制孔、轴配合的基本尺寸为 $\phi50$ mm，孔公差为 25 μm，轴公差为 16 μm，最大间隙为 +23 μm，试确定孔和轴的极限偏差、配合公差及另一个极限间隙（或过盈），并画出孔、轴公差带示意图。

2. 某轴的直径为 $30_{-0.021}^{0}$ mm，其轴线直线度公差在图样上的给定值为 $\phi0.010$ Ⓜ mm。加工一轴，测得该轴横截面形状正确，实际尺寸处处皆为 $\phi29.985$ mm，轴线直线度误差为 $\phi0.020$ mm，试述该轴采用的公差原则、合格条件，并判断该轴是否合格。

3. 用相对法测得齿数为 12 的直齿齿轮右齿面的齿距偏差，测量数据见表 3-2-1。试确定被测齿轮右齿面的齿距累积总偏差 ΔF_p、3 个齿距累积偏差 ΔF_{p3} 和单个齿距偏差 Δf_{pt} 的评定值。

表 3-2-1 齿轮检测数据

轮齿序号	1→2	2→3	3→4	4→5	5→6	6→7	7→8	8→9	9→10	10→11	11→12	12→1
齿距序号	P_1	P_2	P_3	P_4	P_5	P_6	P_7	P_8	P_9	P_{10}	P_{11}	P_{12}
指示表示值/μm	0	−3	−6	−4	−5	−7	−5	−3	+2	+2	+3	+2

五、改正图 3-2-1 中各几何公差及表面粗糙度轮廓标注上的错误（不允许改变公差项目）（8 分）

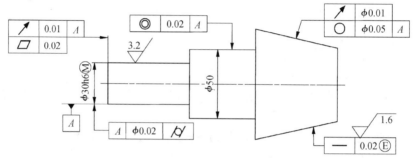

图 3-2-1 模拟试卷二第五题图

六、将以下技术要求标注在图 3-2-2 上（8 分）

1. $\phi30h6$ 圆柱面采用包容要求。

2. $\phi50g5$ 圆柱面的轴线对平面 a 的垂直度公差为 0.012 mm。

3. $\phi20H7$ 孔轴线和 $\phi30h6$ 圆柱面轴线对 $\phi50g5$ 圆柱面轴线的同轴度公差皆为 0.015 mm。

4. $4\times\phi6H11$ 孔轴线对平面 a 和 $\phi50g5$ 圆柱面轴线的位置度公差为 0.05 mm，被测要素遵守最大实体要求。

5. $\phi50g5$ 圆柱面的表面粗糙度轮廓幅度参数 $Rz\leqslant6.3$ μm，其余表面 Ra 的上限值为 3.2 μm。

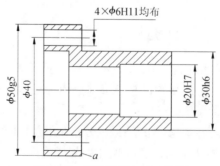

图 3-2-2 模拟试卷二第六题图

七、简答题（每题 3 分，共计 9 分）

1. 试述测量和评定表面粗糙度轮廓时中线、传输带、取样长度和评定长度的含义。
2. 采用公法线长度偏差比采用齿厚偏差来评定齿轮齿厚减薄量有何优点？
3. 试举三例说明孔与轴配合中应采用基轴制的场合。

八、综合题（9 分）

需测量如图 3-2-3 所示零件图中标注的两项几何公差，试分析检测方法，并简述实施方案。

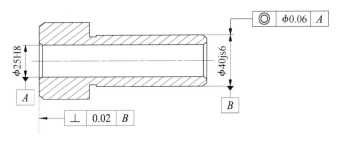

图 3-2-3　模拟试卷二第八题图

3 课程模拟试卷三

一、是非题（每题 1 分，共计 10 分）

1. 为使零件的几何参数具有互换性，必须把零件的加工误差控制在给定的范围内。
（　）

2. 公称尺寸不同的零件，只要它们的公差值相同，就说明它们的精度要求相同。
（　）

3. 图样上没有标注公差的尺寸就是自由尺寸，没有公差要求。　　　　（　）

4. 有相对运动的配合应选用间隙配合，无相对运动的配合均选用过盈配合。
（　）

5. 图样标注 $\phi 30^{+0.033}_{0}$ 的孔，可以判断该孔为基孔制配合的基准孔。　（　）

6. 若某平面对基准的垂直度误差值为 0.06 mm，则该平面的平面度误差一定小于或等于 0.06 mm。　　　　　　　　　　　　　　　　　　　　　　　（　）

7. 孔的体外作用尺寸一定不会大于其实际尺寸。　　　　　　　　　（　）

8. 被测要素遵守最大实体要求，当被测要素达到最大实体状态时，若存在几何误差，则被测要素不合格。　　　　　　　　　　　　　　　　　　　（　）

9. 对于极光滑或极粗糙的表面以及零件材料较软时，不能用光切法测量。（　）

10. 齿轮的齿廓总偏差对接触精度无影响。　　　　　　　　　　　（　）

二、选择题（每题 1 分，共计 10 分）

1. 用光滑极限量规检验轴时，检验结果能确定该轴（　　）。
   A. 实际尺寸的大小　　　　　　　　B. 形状误差值
   C. 实际尺寸的大小和形状误差值　　D. 合格与否

2. 优先数系 R5 系列的公比近似为（　　）。
   A. 1.60　　　　　B. 1.25　　　　　C. 1.12　　　　　D. 1.06

3. 若孔与轴配合的最大间隙为 +30 μm，孔的下极限偏差为 -11 μm，轴的下极限偏差为 -16 μm，轴的公差为 16 μm，则配合公差为（　　）。
   A. 54 μm　　　　B. 47 μm　　　　C. 46 μm　　　　D. 41 μm

4. 基本偏差代号为 d，e，f 的轴与基本偏差代号为 H 的基准孔形成（　　）。
   A. 过渡配合　　　　　　　　　　　B. 过盈配合
   C. 间隙配合　　　　　　　　　　　D. 过渡或过盈配合

5. 零件配合是指（　　）相同的孔与轴的结合。
   A. 公称尺寸　　B. 实际尺寸　　　C. 上极限尺寸　　D. 下极限尺寸

6. 用功能量规检测几何误差的方法适用于（　　　　）。

    A. 遵守独立原则时   B. 遵守包容要求时

    C. 遵守最大实体要求时   D. 图样上标注跳动公差时

7. 孔的直径为 $\phi 60_{-0.03}^{\ 0}$ mm，其轴线的直线度公差在图样上的给定值为 $\phi 0.02$ mm，按最大实体要求相关，则直线度公差的最大允许值为（　　　　）。

    A. $\phi 0.02$ mm   B. $\phi 0.03$ mm   C. $\phi 0.04$ mm   D. $\phi 0.05$ mm

8. 在图样上标注几何公差要求，当几何公差值前加注 ϕ 时，则被测要素的公差带形状应为（　　　　）。

    A. 两同心圆   B. 两同轴线圆柱面

    C. 圆形、圆柱形或球形   D. 圆形或圆柱形

9. 表面粗糙度轮廓的代号 $\sqrt{}^{Ra\,3.2}$ 表示（　　　　）。

    A. 用任何方法获得的表面粗糙度轮廓 Ra 的上限值为 3.2 mm

    B. 用不去除材料方法获得的表面粗糙度轮廓 Ra 的上限值为 3.2 μm

    C. 用去除材料方法获得的表面粗糙度轮廓 Ra 的上限值为 3.2 mm

    D. 用去除材料方法获得的表面粗糙度轮廓 Ra 的上限值为 3.2 μm

10. 齿距累积总偏差 ΔF_{p} 主要影响齿轮的（　　　　）。

    A. 传递运动的准确性   B. 传动平稳性

    C. 轮齿载荷分布均匀性   D. 侧隙的合理性

三、填空题（每空 1 分，共计 20 分）

1. 国家标准规定我国以_____数列作为优先数系，其中优先数系 R40 的公比为_____（公式）。

2. 孔或轴的标准公差数值由它的_____和_____确定。

3. 某孔、轴配合的最大过盈为 -48 μm，配合公差为 30 μm，此配合为_____配合。

4. 图样上要素的尺寸公差与几何公差之间的关系绝大多数遵守_____。此时，尺寸公差只控制_____的变动范围，不控制_____。

5. 按 GB/T 1800.1—2020 的规定，线性尺寸的公差等级分为_____个等级，其中_____级最高。按 GB/T 10095.1—2008 的规定，渐开线圆柱齿轮的精度等级分为_____个等级，其中_____级是精度等级中的基础级。

6. 某轴公称尺寸为 $\phi 45$ mm，上极限偏差为 $+0.048$ mm，下极限偏差为 $+0.009$ mm，其轴线对端面的垂直度要求是 $\phi 0.02$ Ⓜ mm，请填写：采用的公差原则是_____，几何公差给定值为_____mm，最大补偿量为_____mm，此时几何公差允许值为____mm，边界名称为_____，边界尺寸为_____mm。

7. 在表面粗糙度轮廓测量中，电动轮廓仪适于测量_____，双管显微镜（光切显微镜）适于测量_____。

四、计算题（每题 8 分，共计 24 分）

1. 已知配合 $\phi 18H8/js7$ 和 $\phi 18S8/h7$ 的 IT7 = 0.018 mm，IT8 = 0.027 mm，而 $\phi 18S8$ 的基本偏差 ES = −0.019 mm，试分别确定这两个配合的极限间隙或过盈、配合公差，并画出它们的公差带示意图，指明配合性质。

2. 按图样加工一孔 $\phi 30_{-0.050}^{-0.037}$ ⓔ，测得该孔横截面形状正确，实际尺寸处处皆为 $\phi 29.96$ mm，轴线直线度误差 $\phi 0.015$ mm，试述该孔采用的公差原则、合格条件，并判断该孔是否合格。

3. 用绝对测量法测得齿数为 8 的齿轮的左齿面齿距偏差为：+3，+3，−4，−1，−5，−1，+3，+0。根据这些数据确定该齿轮左齿面的齿距累积总偏差 ΔF_p 和单个齿距偏差 Δf_{pt}，并说明单个齿距偏差和齿距累积总偏差的含义。

五、改正图 3-3-1 中各几何公差及表面粗糙度轮廓标注上的错误（不允许改变公差项目）（8 分）

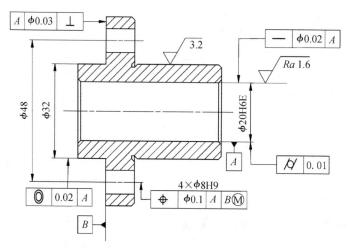

图 3-3-1　模拟试卷三第五题图

六、将以下技术要求标注在图 3-3-2 上（8 分）

1. 内孔尺寸 $\phi 36H7$，遵守包容要求。

2. 圆锥面的圆度公差为 0.01 mm，母线直线度公差为 0.01 mm。

3. 圆锥面对内孔轴线的斜向圆跳动公差为 0.02 mm。

4. 内孔的轴线对右端面垂直度公差为 0.01 mm。

5. 左端面对右端面的平行度公差为 0.02 mm。

6. 圆锥面的表面粗糙度轮廓 Rz 的最大值为 6.3 μm，其余表面 Ra 的上限值为 3.2 μm。

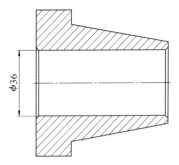

图 3-3-2　模拟试卷三第六题图

七、简答题（每题 3 分，共计 12 分）

1. 什么是基孔制配合与基轴制配合？为什么要规定基准制？
2. 轴向圆跳动与端面垂直度有哪些关系？
3. 规定取样长度和评定长度的目的是什么？
4. 影响齿轮齿侧间隙的主要因素有哪些？用什么办法可获得所需的齿侧间隙？

八、综合题（8 分）

需测量如图 3-3-3 所示零件图所标注的两项几何公差，分别是 ϕ 38 mm 轴圆柱面对公共轴线 A–B 的径向圆跳动和圆度公差，试分析检测方法，并简述实施方案。

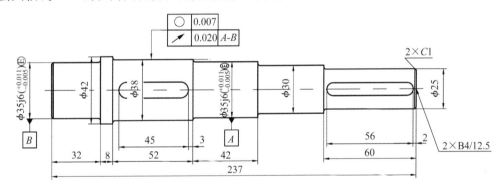

图 3-3-3　模拟试卷三第八题图

4 课程模拟试卷四

一、是非题（每题1分，共计10分）

1. 为了实现互换性，零件的公差规定得越小越好。　　　　　　　　　（　　）
2. 国家标准规定，孔只是指圆柱形的内表面。　　　　　　　　　　　（　　）
3. 间隙、过渡、过盈配合都能应用于孔与轴有定位要求的连接中。　　（　　）
4. 孔和轴的加工精度越高，其配合精度也越高。　　　　　　　　　　（　　）
5. 配合 H7/g6 比 H7/s6 要紧。　　　　　　　　　　　　　　　　　（　　）
6. 实际要素处处达到上极限尺寸，且相应的导出要素的几何误差达到标注的公差值时的状态称为最大实体实效状态。　　　　　　　　　　　　　　（　　）
7. 径向全跳动公差可以综合控制圆柱度误差和同轴度误差。　　　　　（　　）
8. 孔、轴配合表面的表面粗糙度轮廓幅度参数值增大，过盈配合的实际过盈量会减小，间隙配合的实际间隙量会增大。　　　　　　　　　　　　　　（　　）
9. 制造出的齿轮若是合格的，一定能满足齿轮的四项使用要求。　　　（　　）
10. 最大实体尺寸是孔和轴的最大极限尺寸的总称。　　　　　　　　（　　）

二、选择题（每题1分，共计10分）

1. 保证互换性生产的基础是（　　　）。
   A. 大量生产　　　B. 标准化　　　　　C. 现代化　　　　　　D. 检测技术
2. 当相配孔、轴有较高的定心和装拆方便性要求时，应选用（　　　）。
   A. 间隙配合　　　B. 过渡配合　　　　C. 过盈配合　　　　　D. 基轴制配合
3. 公差带的位置由（　　　）确定。
   A. 实际偏差　　　B. 标准公差　　　　C. 基本偏差　　　　　D. 极限偏差
4. 孔 $\phi 20 \pm 0.05$ 的公差是（　　　）。
   A. 0.05 mm　　　B. +0.1 mm　　　　C. +0.05 mm　　　　D. 0.1 mm
5. 与 $\phi 80H7/m6$ 配合性质完全相同的配合代号是（　　　）。
   A. $\phi 80H7/m7$　　B. $\phi 80M7/h6$　　C. $\phi 80H6/m6$　　D. $\phi 80M7/h7$
6. 光滑极限量规的通规用来控制工件的（　　　）。
   A. 局部实际尺寸　　　　　　　　　B. 最大极限尺寸
   C. 最小极限尺寸　　　　　　　　　D. 体外作用尺寸
7. 方向公差带可以综合控制被测要素的（　　　）。
   A. 形状误差和位置误差　　　　　　B. 形状误差和方向误差
   C. 方向误差和位置误差　　　　　　D. 方向误差和尺寸偏差

8. 某孔的实际尺寸处处为 $\phi 30.008$ mm，孔的轴线直线度误差为 $\phi 5$ μm，则该孔的体外作用尺寸为（　　）。

    A. $\phi 30.003$ mm　　B. $\phi 30.013$ mm　　C. $\phi 30.008$ mm　　D. $\phi 30.005$ mm

9. 表面粗糙度轮廓的微小峰谷间距 λ 应（　　）。

    A. <1 mm　　　　　B. $1\sim 10$ mm　　　　C. >10 mm　　　　D. >20 mm

10. 标注为 8—8—7 GB/T 10095.1 齿轮的轮齿载荷分布不均匀性精度等级为（　　）。

    A. 8 级　　　　　　B. 7 级　　　　　　C. B 级　　　　　　D. G 级

三、填空题（每空 1 分，共计 20 分）

1. 具有互换性的零件或部件，装配时不需要经过任何_____或_____，且装配后能达到规定的_____。

2. 同一公称尺寸轴的表面有多个孔与之配合，当配合性质要求不同时，若采用基_____制，则轴为阶梯轴；若要得到光轴，应采用基_____制。

3. 国家标准规定的优先、常用配合在孔、轴公差等级的选用上采用"工艺等价原则"，高于 IT7 的孔一般与_____的轴相配；低于 IT8 的孔一般和_____级的轴相配。

4. 某孔的直径为 $\phi 50^{+0.03}_{0}$，其轴线的直线度公差在图样上的给定值为 $\phi 0.01$ Ⓜ mm，则该孔的最大实体尺寸为_____mm，最大实体实效尺寸为_____mm，允许的最大直线度公差为_____mm。

5. 测量和评定表面粗糙度轮廓参数时，可以选取_____作为基准线。按 GB/T 10610—2009 的规定，标准评定长度为连续的_____个标准取样长度。

6. 写出下列符号的名称或含义：ΔF_{α}_____，ΔF_{β}_____，0 Ⓜ_____。

7. 某轴的实际尺寸处处为 $\phi 29.998$ mm，其轴线直线度误差为 $\phi 5$ μm，则该轴的体外作用尺寸为_____mm。

8. _____公差和_____公差在没有基准要求时属于形状公差，有基准要求时属于方向、位置公差。

9. 用_____量规检测几何误差的方法适用于遵守最大实体要求时；_____用于最大实体要求时，尺寸公差与几何公差可互相补偿。

四、计算题（每题 8 分，共计 24 分）

1. 已知 $\phi 45n8\left(^{+0.056}_{+0.017}\right)$ 和 $\phi 45M8/h7\left(^{0}_{-0.025}\right)$，试计算 $\phi 45N8$ 的上、下极限偏差，并确定 $\phi 45N8/h7$ 配合的极限间隙或过盈及配合公差。

2. 图样上标注某孔 $\phi 100^{+0.010}_{-0.025}$ 中心线的直线度公差为 $\phi 0.02$ Ⓜ。测得该孔的横截面形状正确，实际尺寸处处皆为 $\phi 99.99$ mm，孔中心线的直线度误差值为 $\phi 0.03$ mm。试说明所采用公差原则、理想边界尺寸、被测孔的合格性判断条件，并判断合格与否。

3. 某 7 级精度直齿圆柱齿轮的模数 $m=3$ mm，齿数 $z=12$，标准压力角 $\alpha=20°$。该齿轮加工后用相对法测量其各个左齿廓齿距偏差，它们的相对偏差（单位：μm）分别为：0，+3，+3，-3，-5，-7，-7，-9，+2，-2，-1，+2。已知齿距累积总偏差允许值 $F_p = 30$ μm，单个齿距偏差允许值 $\pm f_{pt} = \pm 11$ μm。试确定该齿轮左齿廓的齿距累积总偏差和单个齿距偏差，并判断它们的合格性。

五、改正图 3-4-1 中各几何公差标注上的错误（不允许改变公差项目）（8 分）

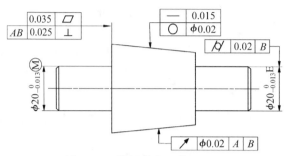

图 3-4-1　模拟试卷四第五题图

六、将以下技术要求标注在图 3-4-2 上（8 分）

1. $2 \times \phi 20h6$ 轴颈采用包容要求，表面粗糙度轮廓要求 Ra 的上限值为 6.3 μm。
2. $2 \times \phi 20h6$ 轴颈的轴线分别对它们的公共基准轴线的同轴度公差为 0.01 mm。
3. 键槽的中心平面对 $\phi 30$ 圆柱面轴线的对称度公差为 0.025 mm。
4. $\phi 30$ 圆柱面的轴线对 $2 \times \phi 20h6$ 轴颈公共基准轴线的同轴度公差为 0.015 mm。

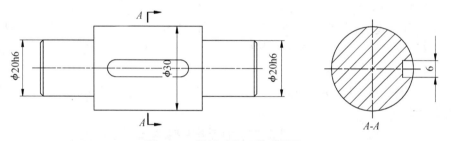

图 3-4-2　模拟试卷四第六题图

七、简答题（每题 3 分，共计 12 分）

1. 在确定标准公差等级时，应该考虑哪些因素？
2. 什么是几何公差带？几何公差带有哪几个要素？
3. 表面粗糙度轮廓对零件的使用性能有哪些影响？
4. 试述孔、轴三大类配合的特点，在什么情况下选用过渡配合？

八、综合题（8 分）

需测量如图 3-4-3 所示齿轮，并对其特定的检测项目进行合格性判断，试分析检测任务，并简述检测的实施方案。

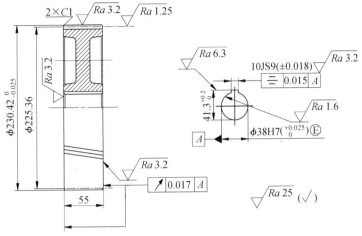

法向模数 m_n		2.5
齿数 z_2		89
标准压力角 $\alpha_n = 20°$		GB/T 1356-2001
变位系数 x_2		0
螺旋角 β 及方向		9°8′20″ 右旋
精度等级		8-8-7 GB/T 10095.1-2008
齿距累积总偏差允许值 F_p		0.070
单个齿距偏差允许值 $\pm f_{pt}$		±0.018
齿廓总偏差允许值 F_α		0.025
螺旋线总偏差允许值 F_β		0.021
公法线长度	跨齿数 k	11
	公称值及极限偏差 $W_{n+E_{wi}}^{+E_{ws}}$	$96.877_{-0.147}^{-0.068}$
配偶齿轮的齿数 z_1		20
中心距及极限偏差 $a \pm f_a$		138±0.0315

图 3-4-3 模拟试卷四第八题图

参考文献

［1］王宏宇. 互换性与测量技术［M］. 北京：机械工业出版社，2019.

［2］范真. 几何量公差与检测学习指导［M］. 2 版. 北京：化学工业出版社，2011.

［3］甘永立. 几何量公差与检测［M］. 10 版. 上海：上海科学技术出版社，2013.

［4］王贵成，范真. 公差与检测技术［M］. 北京：化学工业出版社，2011.

［5］封金祥，胡建国. 公差配合与技术测量［M］. 北京：北京理工大学出版社，2016.

［6］唐增宝，常建娥. 机械设计课程设计［M］. 5 版. 武汉：华中科技大学出版社，2017.

［7］陈铁鸣. 新编机械设计课程设计图册［M］. 3 版. 北京：高等教育出版社，2015.

［8］王亚元，王春艳，杨建风，等. 互换性与测量技术实验教程［M］. 镇江：江苏大学出版社，2021.

［9］戴立玲，袁浩，黄娟. 现代机械工程制图［M］. 北京：科学出版社，2014.

［10］姚辉学，侯永涛，黄娟，等. 现代机械工程制图习题集［M］. 北京：科学出版社，2014.